女人会吃，才更美

63道美容养颜餐

梅依旧 ◎ 著

U0215076

浙江出版联合集团
浙江科学技术出版社

倾向于这样美丽的姿态

世间没有十全十美的女人，如果你想做美女，就要先学会保养自己。形象点说，你是选择昔日芙蓉面，还是选择今日断根草，其实就是你要选择一种什么样的生活方式。

当然你会说，要选择玉颜长驻。只要懂得爱惜自己，持久并细心地从里向外地保养身体，就能让你玉颜长驻。

我倾向于这样活着的美丽姿态。

一个女人的一生无论是平凡的，还是辉煌的，她依然还是一个女人。

无论什么样的女人都会受到岁月的侵蚀。有人说，女人与岁月的抗争是一场无畏的搏斗。

更有甚者说："自古美人如名将，不许人间见白头。"这话真激情。凡是美的事物大都是短暂的，而且还带着一种绝望的忧伤感。

女人都是想不老的，可是发现还没有"卖弄"几天年轻就已经迟暮了。

而如今，又进入了"姿"本时代，女人更是容不得自己的衰老。

可是岁月又是那样的无情，昨天还是陌上花似锦，转眼就是空山新雨后，怎敌它晚来风急啊？

而又有哪个女人抵挡得住这样灯残之年的寥落。

几乎每一个见到我的女性朋友，都会问一个相同的问题："你好年轻啊，是怎样保养的？"

我说："很简单，一张面膜，一碗汤。"

一直说自己是一个地道的草根美女。既然是草根美女，那么草根美女的养颜经，

一定是简单朴实的、实用的。

大多数的女人都过着凡俗的烟火日子,都是在烦恼里讨生活的人,容不得你去奢华,然而一个鸡蛋,一段黄瓜,一把麦片,半杯牛奶或酸奶,一碗粥,一盅汤,都可以是很好的美容佳品。

虽然那生活是平凡而简朴的,但是我们也决不要忽视春天。

而简单的养颜方法,也许才是适合草根美女的生活方式,更是有着美妙的意想不到的效果。

一个人的美丽是关乎内在的,不过,无论哪种美容养颜的方式,都不是立竿见影、一朝一夕能达到的,但是由内而外的美从来都是金科玉律。饮食养颜自古以来被写进经典书籍里,吃出既美丽又年轻的容颜,也从未被任何人质疑过。

美丽需要健康,以健康的饮食为养颜基础,是以身体内部为主的调理、健康地调理身体机能作为出发点,只要使用恰当,就可以延缓衰老的速度,让一个女人由内而外地变美。

待十年过后转眼一望,你已比同龄人年轻了几岁,甚至是十几岁,这不是什么神话,谁不期望年轻的幸福呢?

感谢家人的支持,清远策划刘霞编辑在写作过程中的帮助,以及为此书能出版而努力的所有的工作人员,非常感谢!还有关注我以及我博客的读者们,没有你们的支持和鼓励,我走不了这么远。欢迎指正本书的不足之处,并希望这本书能够帮助原本美丽的你更美丽、更具魅力,这是写这本书的初衷。

梅依旧(刘伟)

2014 年 12 月

Part 1

青衣素颜，
隐于厨的美颜之道

第1章
粥与汤
读懂食物中藏有的美颜物语

第2章
岁月流转
女生的四季美颜禅

第3章
碗中自有美颜方，
一生最佳美颜方案

第4章

美食妙方

读懂你身体里的美颜密码

第5章
它们是女人
一生的恩物

第6章
为美人而生的
宝贝们

Part 1

青衣素颜，隐于厨的美颜之道

第1章

粥与汤

读懂食物中藏有的
美颜物语

每个女人的一生无论是平凡的，还是辉煌的，她依然还是一个女人。

无论什么样的女人都会受到岁月的侵蚀。

古人云：「自古美人如名将，不许人间见白头」。这话真激情。

凡是美的事物大都是短暂的，而且还带着一种绝望的忧伤感。

女人的美丽是关乎内在的，不过，无论哪种美容养颜的方式，落实到烟火日子里，也就是一盅汤、一碗粥的事。

读懂食物中藏有的美颜

物语——粥

老祖宗有云：五谷为养，五果为助。

有一种崇高的形式可以把五谷营养之精华体现出来，那就是粥，自古就被赋予了药用的养生色彩。

粥食也是一种容易消化和吸收的食材，当粥和具有滋补养颜的食材相结合时，它可以承载着养胃健脾、滋阴润燥、补气养血、壮肾强筋等功效，就成了美容养颜的最佳之品。

高纤瘦身的清甜养颜粥——红茶玫瑰粥

材料

春天，越来越近，衣衫轻薄的夏日也已不远，轻盈的体态成为女人们的心头之好。「食」又透惑女人走向另一个极端。美食与轻体显然是一对冤家，向来都是冤家路窄。

美丽还是美食，这是女人一直烦恼的问题。其实肥胖背后隐藏着不规律的生活习惯，面对美食，还是视死如归地吃了再说，过后总是对自己的贪吃后悔不已。

贪吃妞看过来，怎样"实在想瘦"，又要"食在享瘦"呢？

由于粥的养生功效，古往今来，文人雅士对粥都是情有独钟。红茶玫瑰粥，是以玫瑰与红茶的搭配，煮成的一碗粥。红茶色泽乌黑，水色叶底红亮，那一股水果般的香气和醇厚的滋味，使得这碗粥花笺茗碗沉香末，茶烟轻飏落花风。

玫瑰花，撇开爱情不讲，就是因这玫瑰的花名，我喜欢着她。

喜欢一个人静静地坐着，把那五六朵玫瑰花配入茶中，看着杯中玫瑰花蕾的颜色慢慢地褪去一点，再褪去一点，一点点地洇红了周围，有着大块的耽美。

此时，我会想起历史上的赵四小姐。赵一荻可谓是最著名的那朵红玫瑰，是中国现代史上的一位颇具神秘色彩的女性，她与张学良将军传奇般的爱情脍炙人口。1934 年在上海的时候，张学良在家常常招待客人。那时，赵四小姐用来招待客人的就是玫瑰花露和玫瑰茶，是她亲自用玫瑰花瓣泡制的，那是上海张宅的特色。

玫瑰的香气是最为经典的，与红茶一起更是温柔多情。我喜欢这浓烈的色彩与香气，一点也不温润，奔放地开着、香着，是爱情最盛大的演出，就像爱一个人，拼了一生的花香为你。而红茶是最适合女性喝的一种茶，一杯红茶在手，静品默赏，细评慢饮，那情景，如陆游所写：更作茶瓯清绝梦，小窗横幅画江南。

在闲暇时，花十分钟煮一碗红茶玫瑰粥，慢慢享用，那种馨香，更是随红茶的不同而不同，随即让脸色变得红润起来。别奢望人生有太多的繁华，只要生活简单就能看见生命的美好。

食谱

材料：红茶 5 克，玫瑰花 4 克，百合花 5 克，粳米 50 克，糯米 80 克。

调料：冰糖适量。

做法：

① 将红茶放入茶包中。

② 锅中加清水，玫瑰花、百合花分别洗净，放入锅内。

③ 放入红茶包。

④ 水开后，煮 8 分钟，捞出玫瑰花、百合花、红茶包。

⑤ 将粳米、糯米洗净，浸泡 30 分钟，倒入锅中。

⑥ 大火煮开，转小火，煮至黏稠。

⑦ 加入冰糖，煮化即可出锅。

❀ 厨房小语

也可加入蜂蜜，温热食之。

美颜妙招 ♥ **淘米水的妙用**

民间有用淘米水洗脸能够让脸白嫩细腻的说法。淘米水呈碱性，这是因为米表皮的营养——水溶性维生素及矿物质会留在淘米水中，而且淘米水中的 B 族维生素的含量特别丰富。淘米水可以分解脸上的油污，淡化色素和防止出现脂肪粒等。

做法：每天淘米的时候，倒掉第一次的淘米水，留下第二次的淘米水，把留下的淘米水放置一晚上，会沉淀下乳白色的淘米水，再加入 2 倍的温水，就可以直接拿来洗脸了。用淘米水洗脸，就会使皮肤变得光滑、有弹性。

被药王推崇的一碗"长生粥"——枣沫糊

那日，给五岁的小侄女倒了一杯水，她仰着小脸问奶奶："奶奶，有红枣吗？"我们忙问她："干吗？"她说："喝红枣水，美容！"逗得一家人那个乐啊，这么一点点的小人，就无师自通地知道美容，知道女为悦己者容。

材料

民间历来认为红枣是一种营养佳品，被誉为"百果之王"。记得小时候常听外婆说："一日食仁枣，百岁不显老，要使皮肤好，粥里加红枣。"

红枣对于每个女性来说一点也不陌生，都知道红枣有补中益气、养血安神之功效。也许你不知道，红枣还有抗过敏和促进睡眠的作用。

曾经看过中国台湾的生机饮食专家欧阳英先生的节目，介绍过一个改善皮肤过敏的食疗方子，那就是经常饮用鱼腥草红枣茶。鱼腥草清热解毒，红枣滋补养血，桂圆宁心安神，这道茶补身又不上火，补得恰到好处。

几年前，一位陕西的朋友告诉我，枣沫糊是以当地盛产的马牙枣为原料，配以小麦粉、大米、红小豆等食材，使得枣肉糊糊的，更加香甜可口，那可是美容养颜的好东西。要想喝枣沫糊，最好冬天去西安，在冰天雪地的环境下，热气腾腾的枣沫糊端到你的面前，喝上一碗，那叫一个舒坦。

为了能喝上一碗传说中的红润味甜的枣沫糊，大约在冬季，我去了西安。那天，在寒风中拐进了一家名叫兰花花食坊的酒店。一声招呼之后，热乎乎的枣沫糊优雅地现身了。白白的瓷碗里盛着红红的糊，浓郁的、甜甜的枣香夹杂着豆香在空气里流淌，若有若无地扫过鼻端，挑逗着味蕾。

一千多年来，枣沫糊这一风味食品经久不衰，也许它的魅力就在于独特的风味和出色的滋补疗效吧。枣沫糊里除了红枣之外，红豇豆能补气益气、调理肠胃、安神镇定，作为一种红色食物，它还有抗氧化的功能，延缓衰老，美容驻颜。

如今的女生，工作压力大，不少人没有美容保健的时间。但是，可以养成经常吃红枣的习惯，泡一杯红枣茶，或当作零食，每天几枚红枣，就是一个两全其美的美容方法。

材料：面粉 100 克，红枣 200 克，红豇豆 50 克。

调料：白糖 75 克，食用碱 2 克。

做法：

1 红枣洗净，浸泡 2 小时；红豇豆洗净，浸泡 10 小时。

2 将枣洗净煮熟。

3 去核。

4 用料理机打成糊状。

5 锅中加水，放入泡过的红豇豆，加少许食用碱，煮熟。

6 将豆子捞出，用料理机打成糊状。

7 将红豆糊再次倒入锅中煮开。

8 再倒入打好的枣糊，煮开。

9 将面粉调成面糊，缓缓倒入面糊，边倒边搅。

10 煮 5 分钟，出锅前加入白糖。

❀ 厨 房 小 语

做面糊的关键是要把握好两个比例，一个是水与面粉的比例，不能过稠也不能太稀；另一个是面糊与枣肉糊的比例，面糊大约为枣肉糊的 3/4 较为合适。

美颜妙招 ♥ **红枣这样吃可丰胸**

丰胸吃法：这个丰胸汤特别适合血虚及脾虚型的女生饮用，月经前 1 个星期到月经结束的这段时间饮用，每天吃或隔天食用都可以，连续食用 2 个月就能起到丰胸纤体的作用。

材料：黑木耳 10 克，红枣 50 克，红衣花生 20 克，白糖少许。

做法：黑木耳泡开，洗净。红枣、花生加温水浸泡 20 分钟。在锅中加入适量的水，放入黑木耳、红枣、花生，用中火煮熟，加入少许白糖即可。

煲出天地日月间的精华——汤

《红楼梦》里那位宝玉，说「女人是水做的」，觉得他的话颇有惊人之处。说女人是水做的这句话一点儿没错，女人想要美丽绝对不能少了汤水的滋养。历来饮食养生中，就有汤为先的说法。汤能容纳百味营养精华，坊间就流传「民以食为天，食以汤为先」。

李渔在《闲情偶记》中写道：「汤即羹之别名也，有饭即应有羹，无羹则饭不能下。」

远离干燥，常喝水润汤——双耳土鸡汤

材料

季节像沙漏一样，细致分明的日日夜夜是那么纯粹坚定。季节的流转，带走了女人身体里的水分，干燥也开始与你结伴而行了。

对于每一位爱美女性来说，水分是美丽肌肤的第一要素，饱满光滑的皮肤离不开水的滋润。

记得中国台湾第一美女林青霞传授的养颜秘诀，仅寥寥三个字：多喝水。那个著名的八杯水理论，相信你早就知道了，每天八杯水就足够满足身体的需要了。不少女生都说，八杯白水淡而无味，天天喝岂不无趣？

不妨去食物中找水分，就是多选择一些富含水分的食物。三餐前应该各喝一碗汤，尤其是不加或少加盐的淡汤。

时光，重叠在一碗汤上。

在那个平凡的冬日，一位母亲正在灶前忙碌，她的孩子受了风寒，做母亲的她，特意买了鸡，她深信民间流行的偏方，鸡汤能治感冒。因为做了母亲，即意味着生活中流传的小偏方也会成为信仰的一部分。病是怎么好的？想必跟那碗鸡汤有关。

自古以来，汤在食疗药膳中是滋补津液必不可少的一种方法。《吕氏春秋》记载了煨汤的真谛："凡味之本，水最为始，五味三材，九沸九变，则成至味。"而且，汤的味美鲜香、营养丰富，不失为滋阴生津、护肤美容之上品。

民间也流传着各种食疗汤，如红枣汤补血，红糖生姜汤可驱寒解表，绿豆汤消凉解暑，萝卜汤消食通气，猪肉排骨汤补钙，黄瓜汤可减肥美容，芦笋汤可抗癌等。

记得母亲常说：女孩子要懂得煲汤喝，除了外在的保养，还要多喝水，多喝汤，它会使皮肤白嫩水灵。双耳汤就是母亲常做的一道汤，将双耳与土鸡放入砂锅中，秉阴阳之性，久煨之下，原料鲜味即营养成分溶解于汤中。特别是在干燥的季节里，需多煲几次喝。

无独有偶，天后王菲美容养颜的汤水也是她的挚爱，她同样喜欢用银耳、木耳、豆腐这类富含蛋白质或者胶原蛋白的食物，煲制滋润肌肤的汤水。

汤有一种魔力，一个人懒懒地去享受，那是生活的喜悦。

食谱

材料：土鸡半只，干木耳 15 克，干银耳 10 克。

调料：葱 1 段，姜 3 片，料酒 15 克，盐 3 克。

做法：

1. 鸡洗净，斩块。

2. 木耳泡开，清洗干净。

3. 银耳泡开，去蒂。

4. 将鸡块放入砂锅，加适量冷水。

5. 煮开后，撇去浮沫和油脂。

6. 放入葱、姜、料酒。

7. 放入木耳、银耳。

8. 大火烧开，转小火，煲 1 小时左右，调味后即可出锅。

> **厨房小语**
>
> 煲鸡汤时，为了保留鸡汤的原汁原味，没有焯水。煮开后，先撇去血沫的油脂，这层鸡油大都属于饱和脂肪酸，会使人发胖，最好撇清再喝。

美颜妙招 ♥ 丝瓜露保湿补水面膜

材料：嫩丝瓜 50 克，小黄瓜 50 克，纸膜 1 张。

做法：将丝瓜、小黄瓜榨汁，用无菌纱布过滤取汁，纸膜浸于丝瓜露中，沾湿后敷于脸部,15～20 分钟后洗净。可嫩肤保湿，增加肌肤弹性。

滋补不油腻的清爽汤——藜麦参鸡汤

我还是喜欢煲汤时的闲适，汤汤水水有时清澈，有时浓厚，仿佛天生就是令人轻松的食物。在忙碌的都市生活中寻觅一丝静谧和温馨，那是人间的安稳，它使浮躁的心情渐渐安定下来。

材料

煲一盅汤、煮一碗粥，用小火炖着。炉灶上，温暖的蓝色火苗在跳跃，沸腾的砂锅里白气袅袅，温情脉脉地散发着食物刚刚煮熟时的香味，一缕回味无穷的软香，那是食物纹理尽头的一种温柔，好似锅中有了缠绵悱恻的爱情。

法国厨师路易·P. 贝高易在他的《汤谱》一书中说：饭前的一碗汤如同一束令人心醉的鲜花，是对生活的一种安慰，能消除人们由于紧张或不愉快带来的疲劳和忧愁。

女人不补容易老，汤是一种不可少的进补方式，是一种既经济又有效的美容魔法，一碗汤与一碗粥在女人的养颜过程中是功不可没的，也可说有着事半功倍的效果。每周最少要煲一碗养颜汤或粥来喝，便可以拥有健康的身体和靓丽的肌肤。

说到保养，咱普通女生当然不能和明星比。明星们天使般面孔的后面，烧的可是大把的银子，几针什么素，一瓶什么膏，那可都是往脸上涂金子啊。

其实，对于草根美女来说，岁月偷走的这抹粉润，我们可以把它吃回来。世间最简单、最方便的调理方法，那就是吃。

参鸡汤在韩国是一道非常著名的菜肴，被称为第一滋补汤。它因做法简便、滋味香浓，而且只滋补养颜不增肥，备受女人们的喜爱。

藜麦参鸡汤是在韩国参鸡汤的基础上演变而来的。光喝鸡汤，难免会觉得油腻，如果汤里加了藜麦，便会觉得清补不燥，汤有一种独特的味道，就是那种淡淡的坚果清香或者人参香。可以在滋补、养生、美容、去燥的同时，又不必担心发胖。

煲汤虽然称不上多么奢华，但是餐桌上有一碗热气腾腾的鲜汤，总有着暖心暖肺的温暖，在感悟它美容的精妙之处时，也让人沉醉其中。

 食谱

材料：仔鸡 1 只，西洋参 5 克，红枣 8 颗，枸杞 10 克，藜麦 50 克。

调料：葱 1 段，姜 4 片，盐 4 克。

做法：

① 藜麦洗净，浸泡 2～3 小时；红枣和枸杞洗净。

② 将鸡清洗干净，藜麦沥干水分，将其从鸡尾部塞入至八分满。

③ 塞入一部分西洋参、红枣、枸杞。

④ 然后用牙签封口。

⑤ 将鸡放入汤锅中，倒入清水，没过鸡肉表面，再放入葱、姜片和剩余的红枣、枸杞和西洋参，盖上锅盖。

⑥ 改成小火炖煮 2 小时左右，放入盐调味，再煲 15 分钟即可出锅。

> ❀ **厨房小语**
>
> 　　鸡腹里的藜麦只要塞八分满，不然藜麦煮熟后会膨胀，撑破鸡。

美颜妙招 ♥ **丰胸瑜伽之坐山式**

　　1. 半莲花盘坐姿势，挺直腰背。十指于体前交叉，吸气，双臂向上伸展，高举过头顶，并反转掌心向上，尽量让双臂向后、向上伸展。

　　2. 呼气，低头，下巴尽量靠近胸锁骨，深长平稳地呼吸，背部挺直。

　　3. 吸气，头部回到正中，边呼气边松开双手，从体侧将双臂还原至初始状态，进行 3～5 次呼吸。建议重复练习 2 次。

　　闺中语：可充分打开肩部，缓解肩部的风湿疼痛和僵硬感，增强双肩的灵活性，并让胸部得到完全的扩展，美化胸部曲线。

第2章

岁月流转

女生的四季美颜禅

每一年、每一季，总是按着秩序更替，

没有一朵花会忘记，没有一片叶子会犹疑。

四季的流转，让女人的肌肤，

也随着季节的变更而变化。

中医自古就讲究顺时而补，

而女人养颜也讲究『天人相应』，

正如《黄帝内经·素问》中说：『人以天

地之气生，四时之法成。』

女人作为大自然中最美丽的精灵，

宜讲究天时养颜，适应自然界天地之生气，

以春入花、夏入瓜、秋入果，

冬入菜的饮食变化，以内养外，

这才是美丽的秘诀，

才不会让美丽随着季节的变换而流逝。

在四季流转的日子里，一道简简单单、

滋养清爽的养颜餐，人生因此从容了许多。

春季，清润饮食让你轻松
度过敏感的风沙之春

春天乍暖还寒时，

风沙、浮尘、花粉盛行而数变，

此时你会发现，

原本底子不错的肌肤会意想不到地变

得干燥，冒出的斑点也开始招

摇，眼角枝丫似的张开了细纹。

春季，能喝到一些浓浓淡淡的汤汤水水，

自然是再美不过的事了，

清润饮食是天然的美容保湿剂，

让你轻松度过敏感的风沙之春。

春季，一碗祛湿补水养肝汤——杞菊肝片汤

材料

春季乃升发阳气之时，一不留神就会伤及"小心肝"了，那么春季如何养肝呢？

春为四时之首，万物复苏，阳气生发。中医认为春肝木旺，所以养生应以养肝为主，并且医书记载：春日少酸宜食甘。

不妨煲碗杞菊肝片汤，富含维生素 A 的猪肝，配以菊花、枸杞，是祛湿滋养肝血极好的食物。

菊花自古是食用品，可酿、可饮、可药，以菊花入馔，气味芬芳，清凉滋补。屈原在《离骚》中写道："朝饮木兰之坠露兮，夕餐秋菊之落英。"从他的诗句里不难读出，花可以吃精神，吃气质，似乎还是为了标榜自己的"品"，至不变皎察于流俗之中。

宋代的苏东坡，是以老饕自称的美食家，对食菊情有独钟，写道"吾方以杞为粮，以菊为糗，春食苗，夏食叶，秋食花实而冬食根"，吃菊之妙尽在字里行间。

旅居荷兰的中国台湾女作家丘彦明，创作了《浮生悠悠——荷兰田园散记》，读到她嗜花草，做汤时撒一簇菊花，汤成之后，漂浮在汤面上的朵朵黄花，犹如芙蓉濯于秋水，倍添画意。如此吃花，人原也是这样不近人间烟火，如隔云端，吃的是一个清欢之味。

据《慈山粥谱》记载，用甘菊花与粳米共煮的菊花粥，可"养肝血，悦颜色，清热解暑，除热，解渴，明目"，一语道破了食菊花粥的妙处。

菊花茶是从古至今最常见的食菊方式，俗话说："常饮菊花茶，老来眼不花。"菊花茶饮在民间极为盛行。

美女养颜之要诀，就是你需删繁就简。是不是会有一段时间，自己总觉得忙，匆匆忙忙地像打仗，连语速都在不知不觉中加快了。带来的却是抱怨比赞美多，总之，一个字，累。

泡一杯菊花茶吧，那清白的菊花，在温水里柔弱无骨地飘荡着。茶里加一点糖，有古老的甜味。

让心绪在茶杯的空与满之间徘徊，安慰从各种匆忙中而来的那颗浮躁的心。

材料：猪肝 150 克，枸杞 25 克，鲜菊花 2 朵，蟹味菇 150 克。

调料：盐 6 克，胡椒粉 3 克，香油适量。

做法：

1 枸杞加温水泡开；菊花摘取花瓣，放入淡盐水中浸泡 1～2 小时。

2 猪肝用水清洗后，水中放盐 2 克浸泡 2 小时。

3 蟹味菇去根，洗净。

4 猪肝洗净去筋膜，切薄片，放入碗中，加 2 克盐、少许淀粉腌 10 分钟。

5 锅中加适量清水，放入蟹味菇、枸杞煮开。

6 将腌好的猪肝片放入开水锅内，用大火煮至猪肝熟透。

7 汤中加入 2 克盐，撒菊花瓣，淋香油即可出锅。

> ❀ **厨房小语**
>
> 若是没有鲜菊花，可用 5 克干菊花代替，干菊花在超市可买到。

美颜妙招 ❤ **自制抗氧化按摩油**

> 将一颗维生素 E 胶囊刺穿后，将油与保湿乳液或水混合，用来按摩皮肤。按摩时使用无名指，只有在施行重点刺激时，才可以运用中指。
>
> 按摩可以增加皮肤与肌肉的弹性，改善局部的血液循环，增加皮肤光泽，使皱纹平展。熬夜之后，做一次面部按摩，可以在短时间内令皮肤恢复至最佳状态。

温润去燥的果香粥，让你水嫩过春天——果味麦片樱桃粥

果味麦片樱桃粥——当时只道是寻常，清雅养颜是真意。

材料

有一种最好的形式可以把五谷营养之精华体现出来，那就是粥。粥是以五谷杂粮为原料，合水熬制而成，自古就被赋予了药用的养生色彩，成为美食养生的最佳之品。

古往今来，文人雅士对粥都是情有独钟。明代诗人张方贤写有《煮粥诗》，他写道："莫言淡薄少滋味，淡薄之中滋味长。"这是粥清淡素雅的真实写照。

曹雪芹的祖父曹寅对粥也颇有研究，曾编有《粥品》一书。后来，曹雪芹在写《红楼梦》时，也把祖父品粥的闲情写进书里，有六个回目共七次写到了粥，粥品有碧粳粥、红稻米粥、江米粥、鸭子肉粥、燕窝粥等几种。

喝粥也是明星最爱的补水秘方，明星周迅的水嫩秘诀就是水果粥。她说，一周坚持喝两三次，对身体的呵护如细水长流，不但肌肤变得清透滋润，而且对于减肥也有很好的帮助。

水果入粥，早已有之，而水果的选择是关键。水果用来煮粥，除口感与自己的喜好之外，还要依季节与个人的体质来挑选水果。水果分为寒凉与温热两类，寒凉类水果有梨、柑橘、柚子、荸荠、香蕉、猕猴桃、柿子、西瓜、芒果等，温热类水果有榴莲、桃子、枣、桂圆、荔枝、葡萄、樱桃、石榴、菠萝等。

粥要用慢火煮，边煮边用勺子缓缓搅动，这时粥汤会一点一点浓稠起来，米香也会一点一点渗透出来，薄雾般的热气飘散在空气里，整个厨房都弥漫着粥的香味，一碗香醇滑润的米粥就这样诞生了。

春季，蜂蜜是最理想的养颜饮品。如果有胃火，可以在粥里调一点儿蜂蜜，那可是既美容又润燥。每天早晚冲上一杯蜂蜜水，既可润肠通便，又可清除体内的毒素。

如果你想皮肤好，但是厨艺尚浅，那就从煮一碗水果粥开始吧……

青衣素颜，隐于厨的美颜之道

材料：即食麦片 30 克，牛奶 150 毫升，樱桃 150 克。

调料：糖 30 克。

做法：

1 樱桃洗净，去核，加糖腌 15 分钟。

2 将麦片放入锅中，倒入 100 克水，边煮边搅拌。

3 煮开后，关火，加入牛奶。

4 将樱桃放入粥中，晾温后即可食用。

❀ 厨 房 小 语

随个人喜好选择水果，也可增减水分以调节燕麦片的稀稠度。

美颜妙招 ♥ 燕麦牛奶祛斑面膜

肌肤痤疮、雀斑、黑头，只要问题不是特别严重，只需每天使用 10 分钟的燕麦面膜即见效。将 2 汤匙的燕麦与半杯牛奶调和置于小火上煮，待它温热时涂抹在脸上，便大功告成。

春季里的排毒瘦身美食——水果奶酪土豆泥

材料

世间没有穿越时空的驻颜之术，告诉年轻的自己，平日里精心保养多一点点，可以让岁月的痕迹偷偷地在你的身上抹去几年。

这么多年以来，在我的生活中，一张面膜，一碗汤，已成为一种好的饮食习惯，也许就是这个好的饮食习惯，才有了看起来年轻的肌肤。

可是，很多女生总觉得，时刻绷着一根美容的弦，很累。那么大道至简的道理也可以用于养颜之中，大道理是极其简单的，勿以恶小而为之，勿以善小而不为，一切就变得轻松了。

三月不减肥，六月徒伤悲。到了夏季，你想以抹胸短裙感受夏日凉爽的话，春季里必做的就是排毒瘦身了。

如果采用自虐式的饥饿法瘦身，必然会影响身体健康。一味地清心寡食，没几天，肚子里的馋虫势必会集体"抗议"。

都说女人的美丽是吃出来的，这个吃不是让你暴食暴饮，不是让你挑食或不食，是有选择地吃，有心地吃，重调养地吃。

清代李渔在《闲情偶寄》中写道："太饥勿饱，太饱勿饥。"这种食勿过饱的养生理念值得细细品味。

红心火龙果的果肉颜色呈鲜艳的玫瑰红色，当我切开红心火龙果时，浓烈的颜色着实让我惊艳了，砧板上到处都是红色的果浆。

土豆泥可做成甜味的，一般加水果粒，可加苹果粒、香蕉粒等。也可做成咸味的，搭配蔬菜、肉松、蛋或者鸡汁等，加盐、橄榄油、黑胡椒拌匀。

水果奶酪土豆泥，把水果、奶酪、土豆变成了水果土豆沙拉。小心翼翼地品尝，在细滑的土豆之间，清淡中有一点芬芳，细碎的清香水果粒有酸酸甜甜的味道，滋味细腻丰富。

材料：大土豆1个，火龙果半个，苹果半个，猕猴桃1个，法国百吉福奶酪1片。

调料：蜂蜜适量。

做法：

1 火龙果、猕猴桃去皮，切丁；苹果去皮，去核，切丁；奶酪切丁。

2 土豆去皮，切片，放入蒸锅中蒸熟。

3 土豆放凉后，放入保鲜袋中，压成泥。

4 土豆泥放入大碗中，调入蜂蜜拌匀。

5 再放入苹果粒、猕猴桃粒、奶酪。

6 再放入火龙果粒搅拌均匀即可。

美颜妙招 ♥青瓜维生素E眼膜，除眼袋要趁早

材料：黄瓜1根，维生素E胶囊6粒。

做法：将黄瓜捣碎取汁，加入维生素E油剂4~6滴混合均匀，然后涂抹在眼部，10分钟后洗净。若是嫌榨汁麻烦，可把黄瓜切成薄片，先将维生素E涂抹在眼部，然后再将黄瓜片敷在眼部即可。

清凉水果花茶，让你远离春季过敏——玉兰花果茶

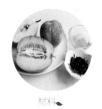

玉兰花像极了莲花，总是开得那么盛世。盛开时，花瓣姿势漫天盘深，这样那样地伸出去，非长着那么不可一世的样子，无法按捺地尽情显摆。

材料

有人是不喜欢玉兰花的，最有名的就是张爱玲了，她说："邋里邋遢的一年开到头，像用过的白手帕，又脏又没用。"

玉兰花的吃法是由来已久的，清代陈淏子在《花镜》谓："其（花）瓣择洗清洁，拖面麻油煎食极佳，或蜜浸亦可。"

玉兰花茶，是用鲜花而制，在未烘干时洁白如玉，而随着花瓣水分的流失，花瓣渐渐地会变成深深的红色。

春季女人的肌肤极易过敏，可以自我拯救，去掉太过滋养的化妆品，减少其对敏感肌肤的刺激。可选用舒缓温和的柔肤水，浸湿化妆棉，敷在过敏的部位约 10 分钟，千万不要用力拍打，免受刺激，给面部清爽的感觉。

另一招就是将一勺橄榄油兑半杯淡盐水，夜晚当洗面奶使用。橄榄油加水后，可防止因皮肤干燥及皮脂分泌过少而引起的瘙痒，让无论什么样肤质的你都可放心使用。

还可泡一杯玉兰花果茶。玉兰花本身就有改善肌肤敏感状况的功效，玉兰花对常见皮肤真菌有抑制作用，可消肿止痛、活血，改善敏感肌肤，特别是在春季，可增强气血虚弱者的免疫力，对敏感体质的人的身体有非常好的帮助。

在茶里加水果，可以补充 B 族维生素和维生素 C，让身体机能运作正常，增强免疫系统，有效对抗外来敏感。玉兰花果茶里可以放入的水果有很多，只要是本身有香气的都可以，比如梨、奇异果、金橘、柠檬、柚子等，只要你自己喜欢就可以了。

最好是加入方糖，它不会像白糖般影响花草茶的味道。冻饮的可加入蜂蜜，但蜂蜜遇热容易变酸，所以切记不要加在滚烫的花草茶里面。

喝一口果香浓郁的茶水，有一点清甜，有一点青涩，细细品味，宛如偎红倚翠，温香在抱，吸引你一再地回味，就像去赴那一场绵绵春雨。

此时，正是那红了樱桃、绿了芭蕉的时刻，只可是无言。

❀ **厨 房 小 语**

　　水果可按自己
的喜好选择。

食谱

材料：雪梨半个，桃 1 个，甜瓜半个，干
　　　玉兰花 3 克。

调料：蜂蜜适量。

做法：

① 将桃、雪梨、甜瓜洗净，切片。

② 干玉兰花洗净，用温水浸泡 5 分钟。

③ 将泡过的玉兰花放入茶壶中，再放入水
　　果片。

④ 加入沸水，闷泡 10 分钟。

⑤ 放入蜂蜜，可代茶饮用。

❀ **美颜妙招** ❤ **玉兰玫瑰面膜**

　　将玉兰玫瑰茶冲泡，过滤出茶水，将压缩
面膜浸泡在茶水中，用此面膜敷面 20 分钟，晚
上入睡之前敷一次，效果最明显。

青衣素颜，隐于厨的美颜之道

春日里女人必喝的水润汤——银耳汤

材料

一枕春愁似影烟，中庭已少闲花草。轩窗外，碧桃枝上早已是绿暗红稀，真是清明过了，绿肥红瘦了吧，不堪回首。

二十几岁的女生，青春是那样的美，却又是那样的短暂，容颜也如这春花，易凋零。古诗云："世间好物不坚牢，彩云易散琉璃脆。"所以美好的东西有些让人胆战心惊，都那么易碎。

春日干燥的天气里，就连身体里面都感觉枯涩不润泽，让人想念的总是汤汤水水的滋润。煲汤是美容的最佳选择，煲汤美容那些事就不多说了，看看个个光彩熠熠的女明星们，她们的独家美颜秘籍之一就是煲汤。这不是哗众取宠，即便是空穴来风，未必无因，煲汤已经变成女明星美丽的杀手锏。

虽然，满眼望去补水的化妆品遍地都是，可是这些化妆品对女人的滋润是治标不治本，如同给一株花浇水，只往叶子上洒洒水哪够呢？ 只有从根茎上施以雨露润泽，花儿才会一路芬芳。

当你对滋润皮肤的护肤品趋之若鹜时，你有没有想过，在日常食物中，就有能够滋润皮肤的食物，如银耳，它是民间最常用的清补食品，被称作穷人的燕窝。

小时候，很喜欢看银耳泡发的样子，浅黄色的干银耳，泡在清水里，就会变得洁白透明，像一朵朵白色的芙蓉花，在碗里绽放开来。

早九晚五的日子，如何来煲这碗汤呢？ 告诉你一个便捷的方法，早上用水浸泡银耳，然后放冰箱，晚上回家后加入雪梨、百合、红枣等，煲上 30 分钟，一碗素雅清淡，滋阴养颜汤就好了。

银耳汤，用的是大朵的银耳，色泽略带微黄，没有杂质，带天然清香的味道，厚且密，煲出的汤，入口细滑柔软，清爽香甜。

记得留一点点汤汁，敷一个面膜也不错哟！

告别奢侈的养颜，一盅细细熬煮的瓦罐汤，一碗清新滋补的粥，都是至简至味的养颜。

材料：银耳 1 朵，干百合 45 克，白莲子 20 克，红枣 8 颗，干山药 20 克，桂圆肉 10 克。

调料：冰糖适量。

做法：

1. 先将百合、白莲子浸泡 1 小时。

2. 银耳浸泡 1 小时，去蒂。

3. 除银耳之外的其他食材，放入砂锅中，加入适量清水。

4. 大火煮开。

5. 转小火煲半小时后，加入银耳和适量冰糖，续煮半小时即可。

❀ **厨房小语**

水一次放足，
中途切忌加水。

美颜妙招 ♥ **按摩足部涌泉穴**

　　方法：准备一盆水温 45 摄氏度左右的热水，把脚放在热水中泡 5 ～ 10 分钟，用毛巾抹干，按摩脚心涌泉穴，俗称"搓脚心"。通过经络作用，对肾脏有很好的良性刺激，能激发内在活力，增强人体内部器官的滋养。连续做一个星期之后，能改善毛细血管的功能，身体会觉得比以前轻快，皮肤也变得漂亮和有光泽。

　　涌泉穴：位于足前部凹陷处第 2、3 脚趾缝纹头端与足跟连线的前 1/3 处。按摩涌泉穴是我国流传已久的自我养生保健按摩疗法之一。

夏季，美白瘦身餐让你过一个清凉养心的夏天

炎炎夏日，换上了一身清凉裙装，谁不想在夏日里更加美丽迷人？而此时多暑多湿，特别是办公室里空调下的众美女们虽然享受着空调带来的清凉，可肌肤的水分悄悄溜走，美开了日晒的暑气侵扰，干爽的肌肤从手忙脚乱中，带入了干燥的困恼，那么不能马虎，吃什么更不能随意，还是从饮食方面入手，让你从内到外变白变美，这不是健康的美容方式，多吃些温和水嫩滋润者的食物，让你度过一个清凉养心的夏天。

夏日空调房里的白领必备的一杯神奇养生茶
——干姜丝绿茶

姜丝茶，这款茶出身极有根底。

材料

宋人吴文英在《杏花天·咏汤》中写道："蛮姜豆蔻相思味。算却在、春风舌底。"蛮姜，也就是生姜了，把它与豆蔻放到一起，熬出的汤，可让舌底如沐春风，香气诱人。可以说，姜茶在宋朝俨然成了一种普遍的养生茶饮。

宋人喜喝茶，茶坊遍布于市，《水浒传》里，那个不算是主角，但算得上是名人的王婆，开的就是茶坊。王婆卖的茶汤中就有姜茶。《水浒传》第二十三回中西门庆叫道："干娘，点两盏茶来。"王婆便端上来两盏浓浓的姜茶，放在桌上。

西门庆在寒冷的早晨点了姜茶来喝。金圣叹批道："此非隐语，乃是百忙中点出时节来，夫姜茶所以破晓寒也。"王婆端给西门庆的姜茶，应是当时那个时节的应季饮品吧。

曾经看到韩国女子养生的报道。在韩国，女生一年四季穿裙子已是非常普遍，天气再冷也不例外，最多再穿上一层薄薄的保暖袜。可是韩国的女生都很会保养自己，在韩国有一种姜糖茶是冬天的人气产品。很多女生穿丝袜配短裙的时候，都不忘在包里放上两包姜糖茶，饮用过后不仅身体变暖，子宫也很受用，还有缓解痛经的功效。

夏天由于天气炎热，大多数白领女生都待在空调房里，躲开了日晒的暑气侵扰，却又落入了干燥的圈套，皮肤变得干燥，急需补水。另外她们还都喜欢吃冷食、冷饮，如凉茶、冰激凌，吃完过后很爽，但这样脾胃很容易着凉受寒，此时不妨泡一杯温润补水茶，既驱寒，又有养颜补水之妙用。

上班时带一些生姜丝，用生姜丝泡水喝，也可以在姜汤中加适量的红糖，因为红糖有补中缓肝、活血化瘀、调经等作用。

生姜可以百搭出各种养生饮品，不喜欢姜汤或姜茶的女生，可以来一杯生姜可可奶茶，只需5分钟，温暖3小时，喝下后身体很快就会变得暖洋洋的。

一杯香茗，一缕茶烟，可凛冽，可淡雅，那穿越光阴的一抹茶香，总让人回味。

材料：绿茶3克，干姜丝5克。

调料：方糖适量。

做法：

1 将绿茶和干姜丝放入壶中。

2 冲入没过绿茶和干姜丝的沸水，浸泡30秒
　后，倒掉冲泡的水，这是洗茶。

3 再次冲入沸水，浸泡5～10分钟。

4 调入方糖即可饮用。

> **❀ 厨房小语**
>
> 　1. 姜丝用鲜的或者干的都可以。把鲜姜切细丝，晾干，就是干姜丝了。
>
> 　2. 沸水浸泡取汁饮用，或者加水煎汁也可，可随时代茶饮而起到治疗作用。

美颜妙招 ♥ **自制清凉爽肤水**

　　清凉的植物爽肤水，更容易被肌肤吸收，淡淡的绿茶清香，薰衣草质朴天然的草香，轻轻地拍上一层，能安抚夏日激动的皮肤，在滋润的同时完全放松舒缓肌肤。

　　材料：绿茶3克，薰衣草纯露40毫升。

　　做法：将绿茶加入100毫升沸水中泡开，茶水变凉后滤出茶叶，用60毫升绿茶水加薰衣草纯露40毫升调成爽肤水，倒入一个小瓶中即可。

夏季，让女人身材苗条的美容汤——薏米荷叶猪蹄汤

材料

六月莲灿，七月兰浆，沈李
过雨荷花满院香，
浮瓜冰雪凉。

夏日来临，轻薄夏装难掩胖乎乎的身体，几家欢乐几家愁。况且，天气炎热更是需要补水，那么补水与瘦身如何平衡？不妨煲一碗夏日瘦身汤，就可以做到事半功倍了。

夏日入厨房，我总是心怀敬畏，煎炒烹炸，总是导致厨房烟火弥漫，油辣辣的热锅、血淋淋的肉，有一种惊险，还带着一丝血腥。

煲一盅汤，不必热火朝天的，拿汤勺舀些许温热而美妙的浓郁汤汁，放入口中，味道极尽缠绵，那是怎样的一种美好。和好东西在一起的美好，有着让人沉溺到底的快乐。

天气很热时，家里会煮上一锅陈皮红豆薏米水，冷藏在冰箱里慢慢喝，祛湿益气又解暑气。薏米可是好东西，久服轻身益气，祛湿利水，美白润肤。《本草纲目》中有用薏米煮粥食以补脾除湿的食方。薏米性凉，和红豆搭配在一起煮，视为同性。若是怕寒凉，可加一点陈皮，陈皮最适宜夏季，以增加温性。

薏米荷叶猪蹄汤，除薏米之外，还有荷叶。荷叶色青气香，入馔味清醇，不论鲜干，皆可食用。荷叶有升发阳气之效，鲜可解暑清热，干可助脾开胃，加上健脾祛湿的薏米和富含胶原蛋白的猪蹄，便成就了一碗传统的美容佳品。

猪蹄，很多女生一听到这东西，便是嫌它腥味重、油腻腻的。无论在品尝的时候如何感激不尽它的好处，入口之后还是会忐忑，甚至后悔，它的存在就变成一种威胁，所以将其拒之千里之外。其实是因为没有正确选择烹饪猪蹄的方式。

介绍一个去除猪蹄异味与油腻的小方法：首先，需要两样东西，就是陈皮、花椒，这两样东西家家厨房里都会有的；其次，做猪蹄的时候要焯水，焯水时，放上几片陈皮和十几粒花椒，再倒入一勺白酒，就能很好地去掉猪蹄的腥味了；若还是觉得有腥味没除净，可再倒入一碗用花椒泡的花椒水，水开后煮上10分钟，就可完全去掉猪蹄的腥味和油脂了。

喝一碗清爽润颜汤，是多么美妙的事啊。为了自己，记住歌坛天后王菲说过的一句话吧：女人辜负了自己，才是真辜负。

材料：猪蹄 1 只，荷叶 8 克，薏米 30 克。

调料：盐 4 克，陈皮 3 克，花椒 3 克，白酒 10 克。

做法：

1 猪蹄洗净，斩块；薏米泡 20 分钟；荷叶剪成小条。

2 锅中放入清水，下猪蹄、花椒、陈皮、白酒，烧开后，煮 10 分钟，捞出。

3 砂锅中放入清水，放入焯过的猪蹄。

4 放入薏米。

5 放入荷叶。

6 大火烧开。

7 转小火煲 1 小时左右，放入盐调味后再煲 40 分钟即可。

❀ **厨 房 小 语**

若还是觉得有腥味没除净，可再倒入一碗用花椒泡的花椒水。

美颜妙招 ♥ **丝瓜面膜拯救晒伤皮肤**

材料：嫩丝瓜 1 根，冰牛奶、蜂蜜适量。

做法：把丝瓜洗净，切块，用榨汁机榨取原汁。将丝瓜汁混入冰牛奶、蜂蜜，调成糊状。清洁面部后，将丝瓜面膜敷在脸上和脖颈等处的肌肤上。15 ～ 20 分钟后，用清水洗净。此面膜对于晒伤的肌肤能够尽快修补，还可以淡化斑点。

夏日，补充胶原蛋白的清爽小食——五彩冻

材料

女生们一扎堆，便可分出美丑来，还真是没有比较就没有区别，这事挺让人闹心的。

夏季日晒会使皮肤的胶原蛋白流失，皮肤容易缺水，这时皱纹会悄悄地爬上你的眼角。吃什么东西既味道好，又能调理身体呢？

五彩冻是夏日里补充胶原蛋白的清爽小食。众所周知，蹄掌类、肉皮富含胶原蛋白，历来受女性朋友的推崇，属于美容驻颜食品。

那么，怎么吃才能既不发胖，又充分地补充胶原蛋白呢？

若是想让蹄掌、肉皮之中的胶原蛋白更好地释放出来，用炖、煮、烧和煲汤的烹饪方式是最佳选择，但要把蹄掌、肉皮的油脂清理干净。

胶原蛋白只有靠维生素C和维生素E的辅助，才能被身体充分吸收和利用。可以在补充胶原蛋白的同时，多吃一些橘子、洋葱、胡萝卜、西红柿、菜花、葡萄等富含维生素C和维生素E的水果和蔬菜，以促进对胶原蛋白的吸收。

五彩冻中加入胡萝卜粒、玉米粒、豌豆粒，好似果冻般淡雅鲜丽的颜色，绝对称得上是清水出芙蓉，完美地组成了夏天的色彩。

五彩冻不仅色泽润绿明亮，而且口感清香、软滑细嫩。那种清爽并且滑而不腻的口感带有丝丝清凉，有一股雨后的清新和宁静，倒也甚是清新宜人。

加上用辣椒、香油等调料调制出的独具风味的调味汁，再撒上碧绿的香菜末，尝上一口，五彩冻的清淡和料汁浓郁的组合赋予了整道菜的多层次感，鲜咸适口，酸甜中略带微辣。

每个女人都是自己的孤品，用怎么样的心态去生活是你自己的事，所以，你得爱自己。

材料：生猪肉皮 600 克，胡萝卜粒 30 克，豌豆粒 30 克，玉米粒 30 克。

调料：醋 10 克，白糖 3 克，生抽 15 克，辣椒油 4 克，蒜蓉 30 克。

做法：

① 先将肉皮用清水浸泡 2 小时以上。

② 用刀将肉皮清理一次。

③ 锅里添水放入肉皮，从开锅算起，煮 10 分钟。

④ 捞出肉皮放到水里洗一下，放到案板上把肉皮上的油刮掉，再用温水洗净。

⑤ 锅里再添水烧热，放入肉皮，再煮 10 分钟。

⑥ 停火后捞出肉皮，同样用刀将油脂清理一下。

⑦ 清理好的肉皮切细丝。

⑧ 放到锅中，重新加入等于肉皮 5 倍量的水，烧开后，撇干净表面的浮沫，这样猪皮冻才会非常透明，转小火煮 1 小时左右。

⑨ 煮好后，再放入胡萝卜粒、豌豆粒、玉米粒，煮 5 分钟即可关火。

⑩ 最好选用较软的塑料盒，倒入煮好的汤汁，放入冰箱中，这样待凝固后可以很容易将肉皮冻取出。

⑪ 肉皮冻味淡，最好调点料汁食用。将醋、白糖、生抽、辣椒油、蒜蓉拌匀后淋在皮冻上。

> **❀ 厨 房 小 语**
>
> 　做好肉皮冻的关键：一泡二煮三清理，油脂刮得越干净，煮出来的汤越清。

 **美颜妙招** ♥ 祛黑头鼻膜

　　1. 番茄膜。取新鲜番茄 1 个、海藻粉 10 克、水适量，将熟透的番茄榨成汁，然后与海藻粉调成糊状，轻轻涂在鼻子上，10 分钟后洗净。

　　2. 蛋白膜。取蛋白 1 个、鼻膜 1 张，将鼻头清洗干净，抹一层蛋白，然后将鼻膜贴上，再将蛋白涂在鼻膜上，干燥后揭下，清洗干净即可。鼻膜超市有卖，买不到可用纸膜剪一个。

夏日，一款清凉解暑的美容御品——西梅汁

日轮当年凝不去，万国如在红炉中。溽热不减，何以消夏？

材料

夏日的福利，常常是停留在记忆中的。曾经，酸酸甜甜的糖拌番茄，在过去那个水果稀少的年代，意味着什么？是炎炎夏日里幸福的满足，清凉的惊喜，不要笑我一下子跌回到过去的那个年代。

番茄在蔬果中长得最妖模妖样。曾因它的模样妖，而被称为"狼桃"，只用来观赏，而无人敢食。

番茄汁，有让你吃惊的美容效果。为什么番茄会有如此魅力？番茄鲜艳的红色来自番茄红素，它具有很强的抗氧化作用，是维生素 E 的百倍以上。

番茄汁已陪伴我多年，它的减肥效果很不错，我一直用它来控制体重。番茄汁减肥法非常简单，只是至少需要坚持 3 个月。

我通常是晚饭后去街心公园健步走 30 分钟，回家就喝上一杯番茄汁，既可补充水分，也增加了维生素等营养成分。

那么怎样喝番茄汁呢？建议在晚间食用。熬夜时，不妨吃盘番茄沙拉，能有效减轻疲劳感，还可美白润肤抗衰老。也许会有人说，每天喝番茄汁，你不会厌烦吗？那就让我来告诉你番茄汁的花样年华吧。

番茄汁里加水果是个不错的选择。番茄汁里可以加各种水果，做成番茄火龙果汁、番茄金橘汁、番茄柳橙香瓜汁、番茄菠萝猕猴桃汁、番茄菠萝柠檬汁等多种饮品，还可以加牛奶、酸奶调制成各种不同口味的奶味番茄汁。

西梅汁是用番茄加乌梅调制而成的饮品，是夏日这个时节的甜品。它有千娇百媚的温情，在浅浅的粉红中，多了独有的清爽和灿烂。

西梅汁气味芬芳，滋味酸酸甜甜，烦躁时可多喝，淡淡的清香带来浓浓的夏日滋味。想要拯救空调房里的干燥肌肤，不妨喝杯西梅汁吧。

材料：大番茄1个，乌梅8颗。

调料：蜂蜜适量。

做法：

1 番茄洗净，在番茄上切一个十字花刀，放入碗中，倒入沸水。

2 用沸水烫过的番茄很容易便剥去外皮了。

3 番茄切块。

4 乌梅去核，切丁。

5 将乌梅、番茄放入料理机中，加适量凉开水，打成汁。

6 倒入果汁杯中，调入蜂蜜即可。

> ❀ **厨房小语**
>
> 凉开水的量可依据自己的喜好加。

美颜妙招 ♥ **番茄杏仁洁面剂**

番茄杏仁洁面剂这个配方，特别适合油性皮肤者。番茄内含的番茄红素，是最佳的抗氧化剂，而且能平衡水分及油脂分泌，使肌肤柔嫩，有延缓衰老的作用。

材料：番茄1个，杏仁粉适量。

做法：将新鲜番茄捣成浆状，加入杏仁粉调成糊状。清洁面部后，涂在脸上轻轻按摩，再用清水洗净。

夏季瘦身，时蔬的轻食主义 ——蔬菜粉皮卷

材料

衣衫轻薄的夏日，「轻」字在女人心中的分量有多重？

"轻"和"食"能不能一起拥有？这是女人，甚至所有人都在纠结思考的一个命题。

"轻食"一说，最早是西风东渐，从欧洲而来。早期出现在欧洲的咖啡馆里，是与咖啡搭配食用的小甜点以及简便餐点，之后也常被解释为餐饮店中快速、简单的食物。

时至今日，吃饭这件事并不是吃饱就很幸福这么简单了。人们开始崇尚美食，品味生活，"轻食"已经成为一种带有时尚意味的饮食理念，也成了一种生活方式。

轻食不是清淡，膳食均衡是轻食的一个重要前提。轻食餐单中的肉类可以以高蛋白的鱼、禽、蛋、瘦肉为主，配以蔬菜、水果、牛奶，主食要以谷类和粗粮为主。

身边有很多朋友肠胃不好，多是饮食不规律引起的。调理肠胃可以先从轻食开始，改掉暴饮暴食的习惯，少食多餐。下午茶可以有，可以准备些低盐、低糖的小食以备不时之需。

轻食的态度也因人而异，对于所谓的垃圾食品，不用时时地想着克制，不妨让自己的心情撒个欢儿，只要对食用的时间加以调节，比如下午四点之后不去碰那些垃圾食品就可以了。当然总的来说，让自己觉得健康的方式才是最舒适的方式。

随着轻食主义的盛行，简单易做的轻食美味，也成为人们喜欢的家常菜。轻食的飨宴之中，以果蔬为主要食材的蔬菜卷等最引人瞩目。

中餐仿佛可以把天下的食物都改成卷的模样，卷的形式更是繁花似锦，如不拘一格的春卷，就吃得变幻无穷。在世界美食中，也有类似的存在，如日本的手卷、韩国的卷饭、美国的加州卷等。

蔬菜卷清淡、低热量，也不会加重身体负担，并且简单易做，在家里也可自己动手制作。如果你也能做出有创意口味的蔬菜卷，那简直就是把轻食主义进行到底了。

蔬菜卷鲜甜尽出，夏日的清新已经由眉梢蔓延至舌尖，回味瞬间，仿佛站在郁郁葱葱的水岸，为味蕾注入一剂清凉。

材料：鲜粉皮 1 张，胡萝卜丝 150 克，紫甘蓝丝 150 克，香菜 2 株。

调料：芝麻酱 2 勺，生抽 15 克，醋 15 克，蚝油 10 克，水 1 勺。

做法：

1 将鲜粉皮切成宽条。

2 放入胡萝卜丝、香菜、紫甘蓝丝。

3 卷成卷状。

4 芝麻酱加生抽、醋、蚝油、水调成汁。

5 将蔬菜卷放入盘中，淋上料汁即可食用。

❁ **厨 房 小 语**

　　1. 没有鲜粉皮，用干粉皮泡开即可。

　　2. 蔬菜和料汁可依据自己的口味搭配。

🌸 **美颜妙招** ♥ **完美沐浴**

　　1. 淋浴时，把 2 ～ 3 滴薰衣草精油滴在湿毛巾上，擦拭身体，吸入香气。芳香可使你睡眠香甜，油会使肌肤保持湿润。

　　2. 油性肌肤的女生，沐浴后涂润肤霜时滴入几滴鲜柠檬汁涂擦全身，轻轻按摩，可以祛除过多油脂，使肌肤光泽红润有弹性。

青衣素颜，隐于厨的美颜之道

秋季，排毒润燥让你做个滋润的秋水伊人

八月过半，已入秋，炎暑渐消，从容平定。从「天人相应」来看，秋令肺气当旺，与秋气相应。

秋燥成了此时的重要气象，最易因秋燥耗伤津液，所以，宜调理，不宜大补。饮食宜以清润甘酸为内容，健脾养血为中心，以清润甘酸为内容，宜多喝水、豆浆，多吃萝卜、莲藕、荸荠、梨等润肺生津、养阴清燥的食物。

但凡具有润燥益气、健脾清肺的食物，都有美肤养颜的作用。

金秋润肺去燥罗汉果最奇妙——罗汉果柿饼茶

在秋日暑气未消的午后饮一杯凉茶，心里着实泛起清凉之意。

材料

凉茶，既不凉，也不是茶。

凉茶并不一定是凉的，但它却永远担了一个凉字。凉茶，是中草药熬出来的药汤；凉茶，也不一定凉，热着喝效果更好。

记得小时候，每到夏秋时节，外婆都会用一只黑色的瓦罐，里面盛满水和药材，放到小火上煎，那种微微的药香，随之绵延地溢出来，带着一丝丝清凉的味道，瓦罐中就变成了一种黑里透红的汤汁。我静静地陪着外婆，不禁想起《红楼梦》第五十一回中宝玉的那段话："药气比一切的花香、果子香都雅……这屋里我正想各色都齐了，就只少药香，如今恰好全了。"

盛在一个粗瓷碗里的汤汁，就是凉茶，它有别于凉气逼人的饮料。因为它是热的，喝上一碗，便可以让身体内的燥气缓慢散发，直到心烦气躁都变成了安之若素，那难逃的秋季燥热也就一触即溃了。

罗汉果柿饼茶是一个草本凉茶的配方，自清朝出现，已逾两百年历史。这一杯清甜的凉茶，可算是清热、去燥、美颜饮品的先驱。

罗汉果被人们誉为神仙果，味甘、酸，性凉，有清热去燥、润肺排毒的作用。它能够促进身体的新陈代谢，间接令皮肤吸收天然水分，是减肥的天然果品，并可驻颜。

罗汉果草茶也是款不错的秋季饮品。用罗汉果半个、红枣 5 颗、甘草 3 克，锅中加清水，放入罗汉果、红枣、甘草大火煮开；关火，将罗汉果、红枣、甘草倒入茶壶中，放入冰糖，即可饮用，也可用沸水多次冲泡。

秋日干燥之时，痛饮一盅，丝丝草药的氤氲之气沁入脾腹，顿时使人心旷神怡，如在云端。

食谱

材料：罗汉果半个，荸荠5个，柿饼1个。

调料：冰糖适量。

做法：

1 罗汉果洗净，拍碎；柿饼洗净；荸荠去皮。

2 锅中加清水，放入罗汉果、柿饼、荸荠。

3 大火煮开，小火煮15分钟，放入冰糖，煮化即可关火。

❀ **美颜妙招 ♥ 除狐臭小验方**

（一）**材料：**食盐100克，菊花60克。

做法：用菊花煮水，加入食盐，有狐臭的人，可用菊花盐水洗腋下。也可以将水倒入浴缸中泡澡，每周沐浴2次即可。

（二）**材料：**桂圆6颗，白胡椒2～7粒。

做法：将桂圆、白胡椒研成细末。每次感觉出汗后，用化妆棉蘸药涂抹即可。

最滋养人的秋季养颜美食——洛神莲耳汤

秋，随着季节的加深，渐行渐远。在天寒夜长的深秋，无论是脾胃还是心情，都需要得到滋润。

材料

已觉秋窗秋不尽，秋雨秋风愁煞人，逃离伤春悲秋的情景吧。喝一碗养颜汤，品一盅美容羹，在这神清气爽的汤汤水水之中，喝出浮世烟火里的清欢。

秋季如何润燥养颜？许多朋友都会问这个问题，还有煲汤的一些事项。其实，食材越家常、越简单越好，越是家常的食材，越能煲出味道纯粹的汤，重点在于食材的搭配。另外一点，汤品之妙，在水一方，煲的过程中不宜加水，水一定要一次性加足量，大火烧沸、小火慢煨，才可汤情深浓。

秋季正是莲藕上市的时节，俗语云："荷莲一身宝，秋藕最补人。"脆嫩的鲜藕是秋天最好的滋养品。

洛神莲耳汤用到了洛神花。洛神花属锦葵科，花瓣状似白色芙蓉，十分淡雅。花谢之后，花萼及其子房逐渐长大，像红宝石般满布。

洛神花可以泡茶。洛神花茶，色如宝石般娇艳，不是那种浮躁的红，而是有一丝香艳的暧昧，颜色非常好看，赏心悦目到只想落泪，是那种无法抗拒的美。

洛神花是一种很好的天然保健药物，有清凉降火、生津止渴的功效，还有活血补血、养颜消斑的功能。

洛神花在肌肤美容的功课里，也是个优等生，有去角质等功效。

洛神花柠檬水可以去角质。洗脸后，用洛神花柠檬水敷面1分钟，然后蘸着洛神花柠檬水，用画圆的方式轻轻按摩，去完角质后，用清水冲洗干净。

洛神花还可用于面膜。清洁面部后，取纸膜一张，在洛神花茶中完全浸泡透，敷于面部约15分钟，揭下面膜，可以不用再次清洗面部，保留其水分在脸上。用洛神花茶敷完脸后，你会闻到甜美和清淡的香气，有助于镇静安神，可以令人睡个甜蜜的美容觉。

美貌的洛神花，品起来酸酸甜甜，幽幽涩涩，难道是里面渗透了曹子健的"恨人神之道殊"，而绵延出对洛神的思念？

材料： 莲藕 1 段，干银耳 10 克，洛神花 10 朵。

调料： 蜂蜜适量。

做法：

1. 藕去皮，切薄片。

2. 银耳泡开，去蒂。

3. 锅中加水，放入银耳。

4. 再放入洛神花煮至八成熟。

5. 放入藕片。

6. 煮至藕片熟透，调入蜂蜜即可。

> **❀ 厨房小语**
>
> 可以留一点做个面膜。

 美颜妙招 ♥ **冰绿茶细致毛孔**

材料： 绿茶 10 克。

做法：

1. 将泡开后的绿茶放凉，将凉茶水倒入制冰盒中冷冻。用时取出 2～3 块冰茶块化开，温水洗脸后，用化妆棉蘸取茶水轻拍毛孔粗大的面部，可有效紧致肌肤。大约 10 分钟后擦干，有点凉，但很舒服。

2. 也可以将绿茶直接冲泡在脸盆里，放凉后用绿茶水直接洗脸，紧致毛孔的作用更明显。

宠爱自己的美容养颜果酱——玫瑰桃子酱

材料

桂魄初生秋露微，轻罗已薄未更衣。秋，到底是有些凉了。秋天，五彩缤纷的水果总是让人爱不释手。一个颜色漂亮的桃子，毛茸茸白里透着胭脂红，充满色欲的诱惑。

《诗经·周南》中有"桃之夭夭，灼灼其华"，以桃为美好的象征。而在民间，桃被认为是一种长寿果，在我国有着许多美丽的传说。《西游记》中，有西王母娘娘寿后时，曾经在瑶池设蟠桃会招待群仙，孙悟空偷吃蟠桃而长生不老的故事。

民间年画上的老寿星，手里总是拿着一只粉粉的桃子，透着世俗的喜气与热闹。秦汉时期成书的《黄帝内经》，则将桃子列为桃、李、杏、梨、枣的五果之首，更认为桃子具有延命的效果，而视其为仙药。

养血润燥桃果酱——玫瑰桃子酱　　果酱是水果生命的延续，是可以封存的甜蜜滋味。霜降之后的养生法，少吃秋瓜多吃秋果，桃子便是最好的选择。桃子性温，能清热润肺，有"肺之果"之称。桃子含铁量居水果之冠，有补益气血、养阴生津的作用，是缺铁性贫血患者的理想食疗佳果。

如何偷出空闲，修饰自己，滋养自己呢？不妨在周末，煮一杯养颜的果酱，放进冰箱，可以冲水时来一勺，或早餐时在面包上抹一勺。不想成为黄脸婆、下堂妻的话，首先要学会美丽自己。

健脾益胃茶——蜜桃香茶　　过去民间流行的"贴秋膘"，就是秋后多吃肉。其实贴秋膘并非一碗肉那么简单。人们在夏季常常吃一些生冷的食物，多有脾胃功能减弱的现象，此时的秋补，会骤然加重脾胃负担。所以，进补之前要给脾胃一个调整适应的过程，一杯蜜桃香茶，能够益气温中，和胃醒脾。

蜜桃香茶用蜜桃1个、红茶茶包1包、甘草5片、陈皮5克制成。先将甘草和陈皮煮水后冲泡红茶，饮用时放入蜜桃块。煮水时可以不用加糖，甘草本身有甜甜的味道，《神农百草经》说它气味甘平，无毒，久服轻身延年。

一杯蜜桃香茶，若是再有两个女友相伴，那喝的便是一种难以述说的风情和心情。就像红茶配了蜜桃，因为有所交融，总是香醇无比。

材料：桃子 700 克，干玫瑰花 20 克。

调料：冰糖 100 克。

做法：

1. 桃子洗净，去皮去核，再将果肉切成丁状备用。

2. 将桃肉放入料理机中打成泥。

3. 桃泥倒入锅中，加入冰糖熬煮，熬煮时必须用木铲子不停地慢慢搅拌，避免果酱粘锅糊底。

4. 玫瑰花去萼，留花瓣。

5. 煮至黏稠时，将花瓣倒入锅中。

6. 搅匀，继续煮 10 分钟即可。

美颜妙招 ♥ **自制玫瑰娇柔平衡水**

　　玫瑰娇柔平衡水补充肌肤水分和营养效果明显，并有收敛毛孔的作用。

　　材料：干玫瑰花 3 茶匙，荷荷巴油 5 毫升，纯净水 100 毫升。

　　做法：纯净水放入锅中加热，然后放入干玫瑰花，用小火煮 3 ～ 5 分钟；取玫瑰花汁，与荷荷巴油混合，装入密封容器中，放置于冰箱内冷藏。洗脸或做完面膜后，将平衡水倒在化妆棉或手心里，轻拍脸部，直至平衡水被肌肤完全吸收。

金秋美容汤新"煮"意——南瓜蒸百合

晚风起，倏忽便觉得一丝深秋的薄凉，窗外蛩吟也消失殆尽了，偶有一两声再响起，也是微弱的若有若无。

材料

南瓜，它属于金秋的颜色。或许对南瓜莫名的情愫，是来自于童话里那个漂亮的南瓜车。在灰姑娘的童话故事里，南瓜车也许是人们见过的最可爱的南瓜了。

可是，我唯独钟情于母亲亲手做的那一盘南瓜菜，那悠然的南瓜香气，仿佛是从老屋的灶间飘出来的。在那个饥荒的年代，家里的生活更是清苦，兄妹们个个都黄皮精瘦。每年母亲都要在房前屋后的空地上种上南瓜，并翻着花样做各种饭菜，尽量让孩子们吃得好些。南瓜是一种营养丰富且多产的瓜菜，不论是蒸南瓜还是煮南瓜，都可以当主食或菜肴。

《诗经》曰："七月食瓜，八月断壶。"以前我一直以为食瓜是指吃南瓜，因为小时候的印象中南瓜是平民食物。吴祖光先生在他的《南瓜诗》中写："苦乐本相通，生涯似梦中。秋光无限好，瓜是老来红。"这恰恰是南瓜质朴、谦和与平民的真实写照。

如今，孩儿们提起南瓜，更多的是因为西方的万圣节，各式的南瓜灯憨态可掬，还有香甜的南瓜派和美味的南瓜汤。

南瓜与胡萝卜、苦瓜、番茄、大蒜、黑木耳被称为"蔬中六友"。清代名医陈修园说："南瓜为补血之妙品。"《本草纲目》言其"补中益气"。南瓜既然可以活血补血，当然要好好利用。

南瓜粥、南瓜汤、南瓜饭，可健脾益气，对于脾胃虚弱、营养不良的女生来说可以多吃一些，并且南瓜是富含维生素 A、维生素 E 的食品，可改善皮肤粗糙，增强机体免疫力，有肌肤丰美的作用。南瓜切块干炸或裹面衣炸食，可提高维生素 A 的吸收率。南瓜同海带一起熬成南瓜海带汤，是预防糖尿病的最佳菜品。

南瓜的吃法，清蒸水煮都是我的最爱。一瓣一瓣剥开的新鲜百合，漂亮的南瓜切成橙红色的小块，放在盘子里。蒸熟后夹一块放进嘴里，软软糯糯的，滋味清甜，能连着吃好几块，没有蘸食调料，鼻息之间仍有馨香弥散，有清气浸润。

只是这妙处嘛，我不再多言，君可细品。

青衣素颜，隐于厨的美颜之道

食 谱

材料：南瓜半个，黑枣 50 克，鲜百合 40 克。

调料：糖桂花适量。

做法：

① 百合洗净，掰开。

② 黑枣加水泡开。

③ 南瓜洗净，去瓤，切三角块。

④ 将南瓜摆入盘中。

⑤ 中间放入黑枣、百合。

⑥ 放入锅中，蒸 15 分钟即可。

⑦ 出锅后，依据自己的口味调入糖桂花。

> ❀ **厨 房 小 语**
>
> 　　没有糖桂花，
> 也可调入适量蜂蜜。

美颜妙招 ♥ **丰胸按摩法**

　　四个手指并拢，拇指分开，两手握住两侧乳房，从外侧向中心顺着乳腺管的方向，打圈按摩。用左手掌从右锁骨下方向下推摩至乳根部，再向上推摩返回至锁骨下；共做 3 个往返，然后换右手推摩左侧乳房。用右手掌从胸骨处向左推左侧乳房直至腋下，再返回至胸骨处；共做 3 次，然后换左手推右侧乳房。

　　如果是胸部有向外的，在按摩的同时向中间推。如果是下垂的，则同时向上推。在按摩时动作要轻柔，不可用力过重，一般 5 ～ 10 分钟，感觉微涨热时即可，一周只需 2 次。

秋季喝出苗条身材的饮品——茶香青豆浆

材料

红茶豆浆，是中国台湾人气颇旺的一款风味时尚饮品。香浓的豆浆加上现煮的红茶，浓稠生香，低眉之间，天然的味道，巧妙的组合让它美味惊艳。轻品浅啜，一缕太和之气弥散于唇齿之间，带着不动声色的迷醉，席卷了你。

古往今来，作为饮料的茶，也曾作为食物出现在人们的餐桌上。据说当初神农尝百草，一日遇七十毒，得茶而解。

嗜茶如命的美食家戴爱群先生对此颇有研究：从明朝初年开始，上至宫廷，下到民间，以茶入肴的生活习惯不绝如缕，一直存留着。

清代中期的烹饪书《调鼎集》，是厨师实践经验的集大成者。其中，除了记述茶叶蛋等一些茶叶食品外，还记载了一味"茶叶肉"，制法是：不拘多少茶叶，装袋，用肉煨，蘸酱油，既得其味，又得其养，远胜烟熏、爆炒。

另外，还用专门的篇幅记述了许多既可饮又可食的茶料配制方法。以下便是其中的一些很有特色的茶叶饮品，如三友茶：加核桃仁、洋糖泡茶；冰杏茶：加杏仁、冰糖冲细茶；千里茶：洋糖、茯苓、薄荷、甘草共研末，炼蜜为丸，含口不渴。

红茶中含有多酚、儿茶素、咖啡因、维生素C等，可抑制脂肪与糖类吸收，并且帮助脂肪分解与燃烧。尤其是能帮助燃烧脂肪的儿茶素，是天然的油脂抗氧化剂。青豆中也同样包含儿茶素以及表儿茶素两种类黄酮抗氧化剂。

茶香青豆浆，双重的营养叠加，能够有效去除体内的自由基，延缓身体衰老速度，持续饮用，能帮助养成不易发胖的体质。

秋季饮豆浆，对于滋阴润燥有特别好的功效。豆浆还有很多花样，红枣、枸杞、绿豆、百合等都可以成为豆浆的配料。

捧起一杯茶香四溢、浓浓的豆浆，品尝甘香独特的茶食，人生快事，夫复何求？

青衣素颜，隐于厨的美颜之道

材料：青豆 30 克，红茶 1 包。

调料：冰糖适量。

做法：

1 青豆用清水洗净后浸泡 6 小时。

2 把泡发的青豆倒入豆浆机中。

3 红茶末倒入豆浆机中。

4 倒入 1100 毫升的清水。

5 选择豆浆键，把打好的豆浆滤出即可，放入适量的冰糖会更加美味。

> ❀ **厨房小语**
>
> 　　把红茶包撕开后将红茶末倒入，经过充分的熬煮会使成品更加香浓。制作咖啡味的红茶豆浆，可以在制作时加入咖啡，也可以用刚做好的红茶豆浆来冲调咖啡。

美颜妙招 ♥ **薏芷美白面膜**

　　想怀孕的准妈妈们在这个特殊时期，尽量不要使用美白的护肤品，美白效果越好的化妆品含铅量越高。使用敷面膜的方式也可达到美白的效果，如果是油性肌肤，不要加蜂蜜，此面膜有美白的神奇效果。

　　材料：薏米粉 10 克，白芷粉 15 克，牛奶、蜂蜜适量。

　　做法：将薏米粉、白芷粉、牛奶、蜂蜜调匀，清洁面部后，敷在面部 15 ～ 20 分钟即可。

冬季，御寒暖食让你的
肌肤水盈温润过冬

黄叶落尽，自然界生机闭藏潜伏。

寒风的刺激，人体的新陈代谢能力降低，

空调与暖气令肌肤开始变得不安分守己起来，

肌肤变得非常的干燥、缺水、暗淡、

粗糙、没有光泽。

冬季饮食多以保暖御寒和防燥为主，

除了外在的护肤之外，更多时候以饮食来锁住水分，

养出白嫩肌肤，女生们保养自己，

不妨煲一碗好吃又营养的滋润汤水，让内脏健康，

皮肤滋润，食物养颜，是何等让人宽慰。

冬季的"暖气燥"不得不防——茉莉银丝羹

冬日，空气清冷，阳光淡薄，厨房分外叫人依恋。一只新的砂锅，泛着玉也似的象牙白色，我不由得用一只手指轻轻摸了一摸，冰凉之中有一种温和、松松的质地。

材料

炉灶上，沸腾的砂锅里白气袅袅，温情脉脉地散发着食物刚刚煮熟的香气。寒冷让轻吹浮动的热气、在玻璃窗上生成一条条水珠滴下，那是人间的安稳，它使浮躁的心情渐渐安定下来。

用茉莉花、冬瓜、杏仁来煲煮汤水，可以让冬季的干燥得以滋润。尤其是在空调供暖后，人体内的水分流失也随之加快，再加上吃大量肥甘味厚的食物，容易导致胃肺火盛。一盅淡雅的茉莉银丝羹既可滋润身体，又可达到美容养颜的效果。

茉莉有"可闻春天的气味"之美誉，茉莉花作为美容物，由来已久。《本草纲目》中称它能"长发润燥香肌"，也就是说喝茉莉花可让体味也清新好闻。清代乾隆帝与香妃的传说，可谓是神秘离奇。香妃因其身怀异香，甚得乾隆的欢心，这异香就来自茉莉花。香妃会在每年夏初取晨时开放的茉莉花，晒干研粉去渣后，用来煮粥、泡茶。

小家碧玉的潘金莲为了夺得西门庆的宠爱，也常拿茉莉花来美白。《金瓶梅》第二十九回写道："又常将茉莉花儿搅酥油淀粉，把身上都搽遍了，搽得白腻光滑，异香可掬，以取悦西门庆。"

这就是茉莉花的魅力所在，一样香魂两样看。茉莉花疏肝明目、润肤养颜、芳香异常，常食可使肌肤溢香。

茉莉花茶还有松弛神经的功效。茉莉花的淡雅，好似清明的心境，有一种隐士甘于淡泊的情结。用茉莉花茶漱口，不仅可以去油腻、固齿，而且有祛口臭的功效。

茉莉花配以冬瓜、杏仁，能清热润肺、除燥止渴，它们的配合真是天衣无缝。

材料： 冬瓜 300 克，茉莉花 5 克，杏仁 50 克，枸杞 10 粒。

调料： 冰糖适量。

做法：

1 茉莉花放入茶包中。

2 冬瓜去皮，切丝。

3 锅中加入清水，放入杏仁、茉莉花茶包。

4 煮 5 分钟后，捞出茉莉花茶包。

5 放入冬瓜丝煮熟。

6 撒入枸杞，调入冰糖即可出锅。

> ❀ **厨房小语**
>
> 茶包超市有卖，2 元钱 30 个。

 美颜妙招 ♥ **酒酿面膜**

材料： 橄榄油 1 小匙，甜酒酿 3 小匙，鸡蛋 1 个。

做法： 甜酒酿、鸡蛋黄一同倒在面膜碗中，调成易于敷用的面膜糊状。用温水清洁面部后，用橄榄油按摩面部及颈部，再用面膜糊静敷约 15 分钟，或待面膜干至八成时，以清水彻底洗净面部，并进行肌肤的日常保养即可。

❀ 青衣素颜，隐于厨的美颜之道

让女人温暖过冬的补气养血羹——花雕玫瑰煮蛋

余华的小说《许三观卖血记》中，写许三观卖完血之后，总是要温二两黄酒喝，用来补血。

黄酒可直接饮用，春夏可冰镇着喝，秋冬可暖烫后饮用，而且饮者小酌的几杯，配一小碟茴香豆即可。

材料

花雕酒是黄酒的一个品种，翻开清代的《浪迹续谈》，便有"最佳著名女儿酒，相传富家养女，初弥月，即开酿数坛，直至此女出门，即以此酒陪嫁……其坛率以彩绘，名曰花雕"的记载。

花雕酒，听来有软糯之美，扑入心，扑入面。花雕酒的酒性如女儿般柔和，酒色如琥珀，即橙色，那么清澈，纯净可爱，有诱人的馥郁芳香，随着时间的久远而更为浓烈。

花雕玫瑰煮蛋中的花雕酒，在煮的过程中，酒精会被蒸发掉，剩下的只是微微的酒香，此时不是求醉，而是一种温润的生活。

有些女生疑惑自己为什么年纪轻轻就已是花容失色，手脚冰凉。有的人想当然地认为自己是虚寒体质，盲目进补温热食物，结果越吃手脚越凉。其实，手脚冰凉的根本在于自身的气血不足。

《黄帝内经》早已指出："人之所有者，血与气耳。"气和血都是生命的载体，气是维持生命活力的推动力，血是保证人体运转的营养剂，它们共同滋润身体。所以，女人以养血为本，补血的同时要补气。

在冬季如果能恰当选择既美味又具有补益身体的食物，无疑会让大家接受。平补类的食物有莲子、芡实、薏米、红豆、大枣、银耳、鸡蛋、木耳、花生、松子、猪肝等。这些食物多是性味平和，不会滋腻伤胃。

这道花雕玫瑰煮蛋有很好的补气养血作用，是用黄酒与玫瑰、红枣搭配而成的，其营养丰富，能起到很好的补气和血、润肠益胃的作用，可缓解冬季女性朋友手脚冰冷的症状。

即使你没有这些问题，在月经过后，依然需要一碗补气养血的汤，来滋补一下生理期失血带来的气血不足。女人要学会由内而外地保养自己，这才是正道。

材料：鸡蛋 2 个，红枣 8 颗，玫瑰花 5 克。

调料：花雕酒 20 克，红糖 20 克。

做法：

1 鸡蛋放入小锅中煮熟。

2 玫瑰、红枣放入碗中泡 10 分钟。

3 锅中加清水，放入玫瑰、红枣、花雕酒。

4 鸡蛋剥壳，放入锅中，煮 10 分钟，调入红糖即可。

美颜妙招 ♥ 绿豆粉清洁面膜

　　绿豆粉跟珍珠粉有相同的凉血功效，所以被认为是美容佳品。绿豆粉面膜的清洁性很强，可去角质、消炎、平衡油脂及镇定肌肤，对于青春痘、痘印有神奇功效。

　　此款面膜适合油性皮肤的女生。干性皮肤的女生，可把酸奶换成牛奶，因为牛奶号称滋养之上品，有清洁、保湿、美白的功效。

　　材料：绿豆粉、原味酸奶、蜂蜜各适量。

　　方法：绿豆粉 3 小匙加少许酸奶、蜂蜜调匀，先在准备去角质的地方敷一点，轻轻打圈按摩，在鼻子旁边从下往上打圈按摩。然后整个脸涂上比较厚的一层，等到快要干的时候洗掉。若是太干了，要用温水湿润之后洗掉。洗后脸上非常干净，一点也不油腻。一周最多敷面 2 ～ 3 次，不可多做。

冬季既滋补又不上火的一碗汤——莲叶山药老鸭汤

黄叶落尽，当人们目送秋抛下的那美丽的一抹背影时，冬雪悄然而来，并向纵深延续，大雪小雪又一年。

材料

那瑟瑟北风带着雪花吹来时，总让人不自觉地想寻找一些温暖的慰藉，砂锅美食会是你的心头好。袅袅香雾，扑面而来，有什么比它更温暖的呢，不管是你的心还是你的胃。

灶上蓝莹莹的火苗，舔舐着白色的砂锅。锅内的老鸭汤热情洋溢地翻滚着，一小块一小块的鸭肉，与山珍海味相比较大为逊色，但它有朴素清寒的美丽。

一盅暖暖的热汤，去燥滋补之后，能让皮肤补水变得更容易。滋补的汤羹，在百姓餐桌上多见的是母鸡汤。其实在南方，冬季时节喜欢喝老鸭汤的人也不少。

《红楼梦》中曾写道,元宵夜,贾母觉得腹中饥饿,王熙凤赶紧说"有预备好的鸭子肉粥"。贾府有的是山珍海味，为何单单为贾母预备了一道用鸭肉做的平淡无奇的粥呢?

记得小时候，我身体不好，极易上火，外婆从一位老中医那里得了一份老鸭汤食谱，就是莲叶山药老鸭汤。《名医别录》中称鸭肉为"妙药",是滋补上品，最适合体热上火的人，既清补，又有滋阴养颜的功效。

一些平时爱上火或者胃火旺的女生，通常嘴里的口气不好闻，这都是肠胃热盛或者津液不足的原因，那么不妨喝一碗老鸭汤。老鸭汤食性温和，集美食养生与传统滋补于一体，同时又能去火去燥，是令人常食不腻的风味汤，且浓香袭人。

老鸭与莲藕、冬瓜、山药、菌菇等蔬菜煲汤，既可荤素搭配，起到营养互补的作用，又能滋养补充体内的阴津。若是搭配芡实、薏米、玉竹、沙参等炖汤，则滋阳效果更佳，且能健脾化湿、增进食欲。

减肥的女生可加点陈皮，在助消化、排除胃气之外，还可减少小腹脂肪堆积。若是搭配食用一些葡萄、百合、梨等煲汤，补水效果更是明显。

盛到碗里的老鸭汤，汤色还是清明的，一层碎碎的小葱葱花，看着就美。汤里浮着一块块鸭肉，带着一点生活平常的香气，那是冬天里餐桌上的一抹美丽风景。

青衣素颜，隐于厨的美颜之道

材料：老鸭半只，山药 200 克，荷叶 10 克。

调料：葱 1 段，姜 3 片，盐 4 克，花椒 2 克。

做法：

1 山药去皮，切块；荷叶用温水泡开。

2 老鸭洗净，斩块。

3 锅中加水，放入鸭块、花椒，焯水。

4 砂锅中放入焯过的鸭块，再放入葱、姜、荷叶。

5 大火烧开。

6 转小火，煲 1 小时。

7 放入山药，煲 30 分钟。

8 调入盐，再煲 30 分钟即可。

美颜妙招 ♥ **预防妊娠纹的按摩油**

　　准妈妈从怀孕 3 个月开始到生育后 3 个月内要坚持腹部按摩。甜杏仁油能使肌肤恢复光滑柔细，如果长期使用可以有效地消除妊娠纹。橄榄油也可以，它与甜杏仁油有些区别，橄榄油寒，甜杏仁油温和。少数准妈妈的敏感皮肤会对橄榄油过敏，而甜杏仁油温和，很安全。

　　材料：甜杏仁油，美容护肤用的维生素 E 胶囊。

　　做法：取 2～3 粒维生素 E 胶囊，把胶囊剪开，滴入甜杏仁油里。盖上盖子摇晃均匀，让维生素 E 与甜杏仁油完全融合，这样防止妊娠纹的按摩油就做好了。预防妊娠纹的按摩必须每天一次，坚持使用，以达到最佳效果。

冬季盛行的素食美容减压餐——素心青衣

素心青衣是一道菜。这样叫人欢喜怜爱的名字，就知道这一定是一道很美味的菜。

材料

当它真实地被端到面前，放到桌上，刹那间，眼前有种惊鸿艳影的恍惚，它是怎样扑入我本就柔软的心？

素素的馅心，包裹在青青的白菜叶里，一层薄芡晶莹剔透、温润动人。这样华丽，又这样朴素，好似沉溺在江南小桥流水中的花间小令。青色的白菜，是那样的简单，世间最好的，往往也是最简单的，云在青天，水在瓶中，仅此而已。

叫什么不好，单单叫青衣。青，有种淡淡的说不出的古意，有沉稳在里面，这样让人心生怜爱。在京剧中，青衣是成熟的女子，一生为你缠绵悱恻，她那太息一样的声音，旖旎而恬静，有去时陌上花似锦的轻愁。

慢慢品尝着金针菇、香菇、芥蓝做成的素馅，记起不知在哪里读到的一句"素心花对素心人"。

健康的生活方式是你在这个季节的首选。这个季节吃进肚子的大多是肥甘味厚的食物。火锅是寒风里挡不住的暖意之味，呼朋唤友也许吃的就是那份热乎劲，而此时急需的却是清淡饮食来调节肠胃的平衡。特别是减肥的女生，一周吃两天素，既可达到有效的清理和滋润肠道的目的，也可做到减肥和美食两不误。

这里向你推荐素心青衣这道菜，它不仅口味独特，而且营养健康。素心青衣，是以白菜为烹饪主料，芥蓝、胡萝卜等为辅料做的一道菜。白菜含丰富的营养及水分，性味甘平，味道特别清淡爽口，搭配金针菇、胡萝卜营养全面。

白领们工作压力大、心理过度紧张，而且有些人没有时间吃饭，有些人又营养过剩，但总不能天天以维生素片为食，所以都市中的白领丽人，在工作之余还需要了解一点营养之道。

当一个人承受强大的心理压力时，身体会消耗约平常 8 倍以上的维生素 C，所以，应尽可能多吃些富含维生素 C 的食物，如番茄、白菜、甘蓝菜、菠菜等。

素心青衣是比较清淡、少而精的菜肴，可带给时尚白领们清鲜宜人、自然爽口的美味。

食 谱

材料：白菜 4 片，金针菇 100 克，苦菊 20 克，胡萝卜 40 克，香菜适量。

调料：橄榄油 5 毫升，盐 3 克，鸡精 3 克，胡椒粉 5 克。

做法：

1 胡萝卜切丝。

2 将白菜片放入锅中烫软即可，取出过冷水。

3 锅中另放水，放入金针菇、胡萝卜焯水，捞出。

4 将胡萝卜丝、金针菇和苦菊放入碗中，用鸡精、盐、橄榄油和胡椒粉腌渍 10 分钟。

5 取一片白菜叶，取适量胡萝卜丝、金针菇、苦菊放在上面。

6 包成小笼包状，将金针菇微微露出一些。

7 香菜用沸水烫过，用来扎紧菜包。

8 依次将剩余白菜片包好后，放入蒸锅中。

9 用大火蒸 5 分钟。

10 最后将蒸出来的汁水加鸡精、盐调和后，浇在白菜包上即可。

> **❀ 厨 房 小 语**
>
> 蔬菜依自己喜好搭配。

美颜妙招 ♥ 番茄豆腐面膜

材料：小番茄 2 个，黄瓜 1 根，柠檬 1 个，豆腐 1 块，蜂蜜适量。

做法：

1. 番茄、黄瓜洗净切块，柠檬切开，分别用榨汁机榨汁，榨好的果汁中加入蜂蜜饮用，每日 1 次。

2. 榨渣与豆腐搅拌均匀做成面膜，敷于面部，20 分钟后用清水洗净。

冬季身体虚寒的女人吃水果的最佳方式——苹果百合鸡汤

你知道那句俗语吗：尝遍百果能成仙。水果凝尽百华，一直以来，水果最是有女人缘的东西。女人们都知道水果能养颜瘦身的道理，你也总会看到女人们买了桃子又买梨，左拎右提，一袋又一袋。

材料

吃水果的目的就是希望自己可以像水果一样光鲜动人，皮肤更像水果，连笑起来的表情也要像水果一样甜甜的。

水果与沙拉的搭配，就像咖啡与咖啡伴侣一样相得益彰。把猕猴桃、火龙果、西瓜、青苹果、脆梨分别去皮、去核、去籽，随心所欲地切成自己喜欢的形状，倒入酸奶，用透明的沙拉碗盛着，放在原木的托盘里上桌，色彩诱人，诱惑着每一个女人，还未吃到嘴里，就已经酝酿着甜蜜蜜的气息。

曾经有女明星为拍广告片，短短十余天减重十几斤，被问到瘦身的秘籍，人家贝齿轻启，只说了一句："我每天只吃水果沙拉。"

可是，很多女生都会碰到体寒的问题。当女人遭遇体寒，犹如寒冬气温降低，饮食上要忌食生冷食物，而水果大部分属于寒凉性的，那么，体寒的女生该怎样吃水果呢？为什么不煲碗美味又养颜的水果汤呢？

很简单，就是将水果煮着吃。国外研究发现，水果中所含的多酚类天然抗氧化物质，遇热益处倍增，有独特的功效。这样就可以让那些体质虚弱、忌寒凉的女生，忘记对水果的爱恨情仇了。

清代美食家袁枚在《随园食单》中写："苹果太熟，上口不脆，竟有蒸之以为脯者。"在民间早就有用煮熟的苹果治疗腹泻，还有用苹果皮加姜数片煮水喝止呕吐等方法。苹果中的营养成分可溶性强，易被人体吸收，故有"活水"之称，使皮肤润滑柔嫩。

这个季节的常见水果，都可以拿来煮着吃，比如荸荠鸡汤、苹果猪蹄汤、玉米雪梨鸡汤等。苹果百合鸡汤，用切块的新鲜苹果、百合、鸡一起炖煮，让苹果的果酸释放在汤品里头，水果的清香让汤更美味可口。在寒冷的天气里喝一盅暖暖的苹果百合鸡汤，是体寒女子们进补美容的首选。

青衣素颜，隐于厨的美颜之道

材料：仔鸡 1 只，苹果 1 个，干百合 20 克，红枣 8 颗。

调料：葱 1 段，姜 4 片，盐 4 克。

做法：

1. 百合用温水浸泡 3 小时。

2. 仔鸡洗净，放入砂锅中。

3. 放入葱、姜片，大火烧开。

4. 放入百合、红枣，转小火煲 2 小时左右。

5. 苹果去皮、去核，切块。

6. 将苹果放入砂锅中，调入盐，再煲 30 分钟即可。

> ❀ **厨房小语**
>
> 苹果不宜炖煮时间过长，所以要最后放。

美颜妙招 ♥ 双花白面液

　　双花白面液记载于中医古籍《普济方》中，具有活血美肤、消除黑斑的美容功效。桃花、杏花都在春天里绽放。在春天的花园里漫步，采集足够的花材，带着喜悦的心情，来制作美颜的洁肤液，是一件既浪漫又有趣的事情。

　　材料：鲜桃花、鲜杏花各适量。

　　做法：将桃花、杏花浸泡于适量水中，一周后除去花瓣，滤汁即可。将汁倒入瓶中储存，以备使用。每晚倒出适量的液体，加温后用消毒纱布蘸汁洗脸。

青衣素颜，隐于厨的美颜之道

第3章

碗中自有

美颜方，一生最佳

美颜方案

二十几岁的女生正处于桃李年华，

此时皮肤细胞非常活跃，

俏丽若三春之桃。

千万不要自认为年轻就不需要保养，

这个年龄段正是为以后的美丽打基础的时期。

再高档的化妆品也比不过天然的食物，

自古就有药补不如食补的说法，所以说，

自家厨房就是最好的药房，

那些汲取了天地精华的当季食物，

就是最好的药物。从食物入手，

多吃富含维生素和胶原蛋白的食物，

这就是女生美容养颜的秘方与良方，

是纯天然的养颜方式。

补血，气血充盈的女人
面如桃花笑

如今，众多的保健品公司都在大力地推销他们的补血产品，所以很多的女生都在吃这个营养素，那个口服液，以期吃个人面桃花，白里透红。

中医素有「药食同源」之说，补气活血方法其实很简单，女人与气血同行，只要注意饮食上气血的调养，拥有美丽容颜就不再是一件难事。选择好最佳的补血时间，一盅汤、一碗粥、一杯茶，即可让你人面桃花相映红

最简单的补气活血美颜食方——三黑红莲粥

说到脸色，中国人最喜欢的就是白里透红。有些女生疑惑自己为什么年纪轻轻却总是不能面泛红润，泛黄或者泛青倒是常有的事。

材料

外甥女来我这儿住了几天。白天，她那精致的脸蛋，加上精致的妆容，是一个谁都会多看两眼的养眼美女。晚上，她卸去妆容后，我盯着她看了半天，她被我看得有些不知所措了。我对她说："你脸色怎么这么差？自己瞅瞅，还没嫁人呢，都成黄脸婆了，眼角皱纹也有了。"她如实地告知我："看过医生，没什么大病，就是痛经，月经有时不正常，医生说是气血不足，与工作紧张、熬夜、饮食不规律有关。"

无论是多么漂亮的美人，没有一张红润健康的脸庞，那么也只能算是一个病美人。

那就说说家常餐桌上的补血妙方吧。在一日三餐的饮食中，有很多补血食材，像红枣、桂圆、花生、红豆、红糖、白果、枸杞等，都是饮食中常见的补血、补肾的食品，将它们互相搭配，就成了很好的补血食疗方。

红枣是补血最常用的食物，生吃、煮粥或泡茶都是不错的选择。记得小时候，母亲经常在熬汤或煮粥时放上几颗，说是要炖得烂烂的，不仅能提味，而且补血的效果也好。

说到用红枣泡茶，红枣一定要在铁锅中炒硬、炒黑，经开水一泡，表皮就裂开了，里面的营养成分才会慢慢地渗出来。这也是母亲告诉我的。

每天可以带着红枣和桂圆去上班，给自己泡一杯红枣桂圆茶，有养胃、补血、养气的功效。

补血还应该避开月经期，那么补血的最佳时间是什么时候呢？补血的最佳时间是月经干净后的 1～5 日内。要滋阴补血，补充之前流失的气血，应补进蛋白质、矿物质等。可以煲一些滋补的汤，例如乌骨鸡汤、红枣汤等，也可以加山药、黑鱼、鸽蛋、鹌鹑蛋、牛肉、羊肉、猪蹄、桂圆肉等，用来滋阴养气血。

如若有条件吃点燕窝、雪蛤，也有非常好的滋阴补血效果。生理期过后，就为自己煲一碗补血汤吧。

❀ 厨 房 小 语

　　黑米必须熬煮至烂熟方可食用，如不煮烂很难被胃酸和消化酶分解消化。黑米外部是一层较坚韧的种皮，可提前浸泡几个小时。

食 谱

材料：黑米 80 克，黑花生 30 克，黑枣 10 个，红莲子 20 克。

调料：红糖适量。

做法：

1 黑米、黑枣、黑花生、红莲子加温水浸泡 6 小时。

2 将黑米、黑枣、黑花生、红莲子放入锅中，加适量清水。

3 大火烧开，转小火。

4 煮的过程中，适时搅拌，以免粘锅。

5 熬至黏稠，加入红糖调味即可。

美颜妙招 ♥ 中性皮肤白芍苹果面膜

　　材料：白芍粉 10 克，苹果 1 个，鲜柠檬汁 10 毫升，蛋黄 1 个。

　　做法：苹果去皮、去核，切成小块，加入柠檬汁后放入果汁机搅拌成泥状；和蛋黄、白芍粉一起搅拌均匀；将搅拌好的面膜敷在脸上，敷 20 分钟后，用温水清洗干净即可。

女人补气养血之妙品——四红粥

女人最恨老，恨得没完没了，因为世间最不爱女人的是岁月。有人问及年龄，总是说猜猜看，其实猜与不猜都一样。

材料

　　自古美人如名将，不许人间见白头。这话有些过分地激情。女人都是想不老的，因为发现没"卖弄"几天年轻就已经迟暮了。昨天还是陌上花似锦，转眼就是空山新雨后，怎敌它晚来风急啊？

　　从古至今，女人都被称为"红颜"，红为胭脂之色，颜为面庞。女人若想成为真正的红颜，补气养血是一生的功课。

　　气虚偏寒的女生如何补？气虚的女性在寒冷时节应该多吃些补气温阳的食物，如萝卜、桂圆、大枣、排骨汤等补气的食物，为防止油腻，可以在煲汤时撇去油脂。用莲子、薏米、淮山药、芡实配伍的四神汤方，也是适合气虚之人的养生饮食。

　　怕冷的女生如何补？历代医家认为，多吃羊肉、牛肉、鹌鹑、生姜、香菜、洋葱、桂圆、栗子、核桃、小米等食物，具有温阳益气的作用，适量多吃可提高御寒能力。

　　贫血或血虚的女生如何补？对贫血或血虚的女性来说，补铁是最重要的。多吃一些红黑类食物，如黑豆、黑木耳、红豆、花生、瘦肉、大枣、枸杞、蜂王浆等含铁丰富的食物，有条件的可以多吃一些阿胶等。

　　还有一点要记住的是，补血应避开生理期，以免引起月经量增多。月经过后的一碗补血汤或粥，才是最佳时机。

　　四红补血粥，味道甘甜，有治疗缺铁性贫血的功效，历来被称作女人养人养颜的宝贝。若是有些女生想换个花样，不妨先用黄芪煮一碗水，加到四红粥里，黄芪可益气、生津、养血，这样便能提高补血、补气、美白的效果。

　　一碗平中见奇、淡中有浓的补气养血的四红粥，真是应了大道至简的道理。最简单的方法才有可持续性，简单有效才是王道。

材料：糯米 80 克，红皮花生 30 克，红豆 30 克，黑枣 10 颗，红莲子 30 克。

调料：红糖适量。

做法：

1 红皮花生、红豆、红莲子加水浸泡 6 小时，糯米加水浸泡 6 小时。

2 将红皮花生、红豆、红莲子、黑枣糯米放入砂锅中。

3 加入适量清水。

4 熬至黏稠，加入红糖调味即可。

美颜妙招 ♥ **干性皮肤荷荷巴油牛奶面膜**

　　材料：荷荷巴油数滴，牛奶适量，纸膜 1 张。

　　做法：先用温水清洁面部后，再用荷荷巴油按摩面部，牛奶倒入碗中，将纸膜浸透牛奶后，敷脸 15 分钟，由下往上轻轻地揭下面膜，清洁面部即可。

补水，做个若水红颜般的水润女子

女人一生之水，最单纯、最滋润，才是不经意的美丽。

那个著名的八杯水的理论，想必你早就知道了。

可是不少人都说，八杯白水淡而无味，天天喝岂不无趣。

既然如此，那么不妨去食物中找水，就是多选择一些富含水分的食物。

中医认为，白色食物有润肺生津之功效，如百合、银耳、莲藕、莲子、荸荠、雪梨、金银花等，这些蔬果酸甜多汁，多维生素，具有良好的润肺补水之效。

泡一杯补水花草茶，也是上佳的选择，有补水美容之奇效。

花草茶是用鲜花制成的，每朵鲜花在汲取天地之灵气后化成美丽的精灵。

仪态万千的水果既可美白又可补水——石榴银耳羹

材料

26岁的小胭如临大敌地在诉说："红粉佳人两鬓衰，青春已远去，老矣。"我说："什么事让你这么心有余悸？"小胭把脸凑到我的眼前说："你看，长皱纹了。"

《黄帝内经》上说："女子三七，肾气平均，故真牙生而长极。"也就是说，女子在21岁时，身体就到了成熟的极点，不会再成长了。25岁则是一个分界点，也可以说是一道坎。别以为自己年轻，等到你恍然大悟的时候，已晚矣。

我曾经不只一次说过："你可以11点睡，你也可以凌晨4点睡，生活是你自己的。"如果此时的工作压力大，再加上生活不规律、熬夜、暴食暴饮，那么在25岁之后你就会轻易地进入到"黄脸婆"的行列。

这可不是我吓唬你。等你跨过25岁这道坎，你发现在曾经美丽的眼睛下，多了很多小小的细纹，额头也有了第一条皱纹，渐渐的，脸颊上的斑点、不匀色块、干燥纹也开始与你结伴而行了。

25岁以后的女生，补水是必修课。很多女生就是不喜欢白开水和花茶，却爱喝那些五花八门的营养水。那些不过是商家的炒作而已，并不健康，而且也担不起为身体补水的那份责任。

石榴银耳羹，石榴也许受季节限制不好买，可换成其他水果，比如形娇艳丽的草莓、翠绿的哈密瓜、水灵芳香的樱桃、橙黄的芒果等。天生丽质的水果，由表及里透着大自然的清纯和健康的本质，将之入餐，不但芳泽养眼，芳香隽永，还可美白补水。

水果入餐是有讲究的，也要讲求一种缘分，找到它的知己。用水果入餐时，水果果香天然，宜保留水果清新的原质和本味。因此，调味时不可过浓过重，否则会掩盖水果的清甜。酸甜味较浓的水果宜用来煲汤，富含纤维素的水果可与肉类共烹，质地脆爽清甜的水果则适合清炒和拌沙拉。

水果凝尽天华，入餐既可美白又可补水，少了几分尘世的滞腻，使人肺腑之内有清气浸润，仿佛是往返于红尘净土，又仿佛是一位在水一方的佳人，更是有着一种情意缭绕的清新灵动。

材料：绿茶5克，干银耳10克，石榴1个，莲子30克。

调料：冰糖适量。

做法：

1. 银耳、莲子浸泡3小时。

2. 石榴去皮，取出石榴籽。

3. 放入料理机中打成汁。

4. 过滤出石榴汁。

5. 将绿茶包放入锅中，加水煮沸5分钟，捞出茶包。

6. 放入银耳，煮开。

7. 放入莲子，煮到银耳、莲子软烂。

8. 放入石榴汁、冰糖煮开出锅。

> ❀ **厨房小语**
>
> 冰糖可随自己的口味添加。

美颜妙招 ♥ 润唇膜

天气干燥时，嘴唇也越来越干。其实很简单，生活中常见的东西就可补水，轻轻松松让你干燥的双唇娇艳水润。

酸奶唇膜：酸奶少许，柠檬汁2滴。将酸奶和柠檬汁混合搅拌，用棉签蘸取少许均匀地涂抹于唇上，15分钟后洗净即可，一周2次。

维E唇膜：维生素E胶囊1～2粒，蜂蜜1匙，珍珠粉少许。将维生素E胶囊弄破，取油脂与蜂蜜、珍珠粉调和在一起，涂抹于唇上10分钟左右，洗净即可。

麦片唇膜：麦片1匙，蜂蜜1匙，牛奶1匙。将麦片、牛奶、蜂蜜混合搅匀，然后用棉签蘸取少许涂于唇上，20分钟后洗净即可。剩下的放冰箱，连续涂一个星期后，嘴唇自然会有光泽。

一碗超有效的补水美容粥——百合花红豆爽

一花一世界，一木一浮生，一草一天堂，一叶一如来。

材料

在世人眼中，花姿之绰约、花香之幽冥、花开之风情都是一种迷人的存在。而花草茶是用鲜花制成的，每朵鲜花在汲取天地之灵气、旷野之朝露后成为美丽的精灵。

美丽的花草茶，除了对身体有保健调养的功效之外，更能传递闲适与浪漫的优雅情怀。

女人一生之水，越单纯，越滋润，越美丽。四季补水花茶，可选择春季蜂蜜水润茶、夏季陈皮茶、秋季桂花茶、冬季黑米红茶。

明朝李时珍早在《本草纲目》中说"药补不如食补，食补不如水补"。《本草纲目》里记载了很多食物，如西瓜、葡萄、冬瓜、木耳等，都是营养丰富，富含维生素、胶原蛋白之物，多吃有利于锁住体内水分。

美国医学博士 F. 巴特曼在他的书《水是最好的药》中阐述了他的医学发现，那就是，身体缺水是许多慢性疾病的罪魁祸首。

百合花红豆爽，以百合花搭配红豆，做成一碗补水美容粥。

百合花香味清新，由于其外表高雅纯洁，素有"云裳仙子"之称。用百合花泡茶，妙处也不少呢。百合花茶具有润肺止咳、宁心安神的作用，具有一定的排毒功效。

另外，百合花还有一个非常特别的功效，就是能够治疗眼睛迎风流泪。唐代诗人王维写过一首诗赞百合花："果堪止泪无，欲纵望江目。"说的是他晚年间眼睛泪流不止，便寻得食用百合花可治眼疾的方子，眼疾明显好转。

红豆是女性健康的好朋友，丰富的铁能让人气色红润，有补血、健胃生津、祛湿益气的作用，是健康食品。

干百合花是一种花草茶，在超市里卖花茶的地方有卖。干百合花比较耐煮，用它熬出的汤、粥，漂亮清香、香甜可口、健肤美容。

无论是春夏日还是秋冬天，泡一壶花草茶，在家孤独浅酌，让光阴在幽幽的暗香中徐徐地沉淀下去，思绪在茶水杯的空与满之间徘徊，那是一种怡然与安静的好。

食谱

材料：红豆 50 克，干百合花 5 朵。

调料：白蜂蜜适量。

做法：

1 百合花洗净。

2 红豆浸泡 6 小时。

3 将泡好的红豆放入料理机中，打成浆。

4 锅中加清水，放入百合花煮 5 分钟。

5 再倒入打好的红豆浆。

6 煮开后撇去浮沫。

7 煮至红豆浆黏稠，出锅后调入蜂蜜即可。

> ❀ **厨 房 小 语**
>
> 红豆要提前浸泡，这样煮出来的粥更容易入味也省火。

美颜妙招 ♥ 洋甘菊眼膜

材料：洋甘菊精油 1 滴，小黄瓜 1 根，白茯苓 5 克。

做法：小黄瓜连皮磨成泥后，滴入洋甘菊精油与白茯苓调匀。脸部清洁后，可用面膜纸或化妆棉剪成半月形，将调好的眼膜涂于面膜纸或化妆棉上，敷在眼睛四周 10～15 分钟，约八成干时用清水洗净即可。一周使用 2～3 次。

滋阴，女人不可懈怠的
保养

滋阴这个词，

相信没有哪一位女性朋友不知道吧。

时常都是一些保健品中所提及的

其实，滋阴是个中医名词，

指的是滋养阴液，

又被称为补阴、养阴、益阴，

是治疗阴虚症的方法。

对症下菜，选择好食物，

女生很容易就能滋阴补肾。

女人滋阴补肾，医家推荐的饮食妙方——三黑米浆

材料

大多数女人，都过着凡俗的烟火日子，都是在烦恼网里讨生活的人，容不得你去奢华，然而一碗粥、一盅汤，都可以是很好的美容佳品。

32 岁的雨林，生下儿子后经常感觉头晕、耳鸣、夜晚盗汗、腰酸腿软。生活也如往常，饭量并没增大，身体开始发胖，即使天天运动，体重仍然居高不下。每当夜晚卸完妆后，镜中是一张微黄、暗淡的脸；早晨起床时，双眼浮肿；原本乌黑的秀发日渐枯黄，睡醒觉之后，总为枕巾上落了一层头发而心忧。

医生诊断，雨林的症状就是阴虚的一种表现。阴液是女人营养身体的真正源泉，女人要想拥有娇美的容颜，甚至延缓衰老，秘诀在于养气补血和滋阴补肾。

就女人而言，滋阴从两个方面着手：一是补水，二是补血。女人滋阴补肾，自然要从日常的膳食开始，通常经食疗就能得到明显的效果。

从日常食物中，先分辨一下滋阴和补血食物的细微区别。红枣、桂圆、红糖、莲藕、黑米、猪肝、猪瘦肉、牛肉、羊肉是补血食物，百合、枸杞、蜂蜜、黑芝麻、银耳、黄豆、山药、莲子、老鸭、干贝、西洋参、猪蹄则是滋阴的食物。在煮粥时，这些食物入粥同煮，不仅能让粥品色相美观，而且效果明显。对于脾胃虚弱的人，可适当配一些健脾理气之品，比如陈皮，加以调和。

枸杞有补肾益精、滋阴补血的作用，是滋补肝肾的良品。可以泡水代茶饮，也可以和桂圆、粳米等一起熬粥食用。

有一种中药叫铁皮石斛，味淡微咸，生津而不寒凉，有生津益胃、养阴清热、除烦的功能。因其独特的滋阴补虚之功效被称为"中华九大仙草之一"，民间称作"救命仙草"。

黑豆茶与黑豆粥有很好的滋肾功效，《本草纲目》说黑豆为肾之谷，入肾功多，《本草汇言》说用它煮汁饮，能润肾燥。

用黑豆直接加水煮粥，先大火煮开，再小火慢煮，煮成黑豆粥食用。或者将黑豆炒熟，泡水喝，这是让它入肾最快、最好的方法。

材料：黑芝麻 9 克，黑枣 8 克，黑豆 30 克，黑小米 30 克。

调料：蜂蜜或红糖适量。

做法：

1 黑豆浸泡 6 小时。

2 黑枣去核。

3 将所有食材放入豆浆机中。

4 加适量水，打成米浆，可调入蜂蜜或红糖。

美颜妙招 ♥ **珍珠粉绿茶控油平衡面膜**

　　油性肌肤的女生往往太过注重去油、控油，轻视了保湿。在面膜的使用上可以每周选一天做控油和保湿，来维持油水均衡。特别注意的是，控油面膜做完后，一定要补水。此面膜每周敷 1 ～ 2 次。

　　材料：珍珠粉 15 克，绿茶 5 克，牛奶适量，纸膜 1 张。

　　做法：绿茶放入杯中加沸水冲泡，晾凉后与珍珠粉调成糊状，纸膜放入牛奶中浸透，清洁面部后，将调好的面膜糊均匀地涂抹在脸上，以盖住面部皮肤为准，然后再把泡过牛奶的纸膜敷在脸上。敷 10 ～ 15 分钟，在敷的过程中可以不断地往面膜上加绿茶水或牛奶。最后清洗干净即可。

来自古方中的滋阴养颜粥——山药芝麻米羹

人的一生能看几次花开花落？写下这句话，刹那间，被击中，伸出十个手指，一下子就把自己的一生数过。

材料

无论是年轻靓丽的女生，还是风姿绰约的少妇，不管你是贫穷还是富贵，有一件事是人人平等的：每个人都会老。无论你多么不想老去，每过一天就会老一天。

张爱玲说过："真正的女人只会死，不会老。"世上没有丑女人，只有懒女人。这话已被说烂了，再丑的女人只要花心思保养自己，走出来都会看着不错。如果懒到连自己的容貌都不顾，那就无话可说了。

说到保养，对于草根美女来说，岁月偷走的这抹粉润，我们可以把它吃回来。世间最简单、最方便的调理方法，那就是吃。

每周最少要煲一碗养颜汤或粥来喝。清代著名医家王士雄在他所写的《随息居饮食谱》中说："粳米甘平，宜煮粥食，粥饭为世间第一补人之物。"

山药黑芝麻米羹被民间称为神仙粥，此粥善补虚，可以延年益寿。它来自李时珍的《本草纲目》，此书中收录有食疗效果的粥共62种。

山药，作为平民食材也可以逆袭为养颜明星，既可吃进肚里，也可抹在脸上。干的山药可以打成粉，与蜂蜜、水一起搅拌均匀后，涂在脸上做面膜。若是新鲜山药，可以洗净去皮，打成泥状，加入奶粉调成糊状，脸清洗干净后，将山药泥涂于脸上，敷约15分钟就可以洗掉了。这两款面膜，每周可做2～3次，但是千万不要忘记颈部。山药能抑制黑色素沉着，并防止皮肤衰老。

再说一下黑芝麻。黑芝麻有一层稍硬的壳包在外面，最佳的食用方法就是把它碾碎，用料理机打碎，或用小石磨碾碎，或用擀面杖压碎，因为打碎之后才能被吸收。

周末时，我最喜欢煲汤或煮粥。在这个幽静的日子里，用一个上午的时间，煮一碗香气四溢的粥。在绵密的粥香中，看着菊花在秋天里媚一把晚凉，何尝不是一件惬意的事情。

青衣素颜，隐于厨的美颜之道

材料：山药 200 克，黑芝麻 100 克，糯米 50 克，牛奶 200 毫升。

调料：冰糖适量。

做法：

1️⃣ 糯米浸泡 30 分钟。

2️⃣ 黑芝麻放入锅中，炒香。

3️⃣ 将炒香的黑芝麻压碎。

4️⃣ 将糯米压碎。

5️⃣ 锅中加入适量清水，放入糯米碎。

6️⃣ 放入黑芝麻碎。

7️⃣ 山药去皮，切丁。

8️⃣ 将糯米、黑芝麻煮至黏稠后，放入山药。

9️⃣ 煮至山药熟透，调入牛奶即可出锅。

美颜妙招 ♥ **银耳眼膜**

材料：银耳、蜂蜜各适量。

做法：把银耳用温水泡开，放入锅中加少量水，大火煮开，小火熬成浓汁，装入瓶中冷藏，每次取 3 ～ 5 滴与蜂蜜一起调匀，涂于眼角和眼周，有润白祛皱、增强弹性的作用，每日 1 次。

青衣素颜，隐于厨的美颜之道

健脾养胃，让你远离黄
脸婆

谁都知道，

女人想美丽动人就要补气养血。

人身上的气血，就是胃经补血而来，

而脾胃是气血生化之源，

能将水谷化生为气血。

因此脾胃是后天之本，是生命的根本。

一个人的脾胃功能健旺了，

营养自然也就会吸收得均衡，

则拥有白皙红润的脸色，肌肤也有很好的弹性，

这难道不是每个女人美丽的梦吗？

养颜食谱让你拒做黄脸婆——玫瑰百合酿

材料

陈丹燕在《起舞》中写道：「仿佛全世界的女子在家庭中都是一样的。德国人是丈夫喝啤酒，看报纸，日本人是丈夫喝茶，看报纸，美国人是丈夫喝可乐，看报纸。而主妇，永远是在厨房里，不管你是打字员、作家、经理，还是护士、医生，时代变化了，可角色和角色的分工并没有多大变化。」

黄脸婆对于一个女人来说可是一道致命伤，它不仅意味着女人的肌肤已是万劫不复，而且也给青春画上了一个句号。

有人说，女人做菜就会变成黄脸婆。其实，让女人变成黄脸婆的罪魁祸首并不是入厨做饭，而是单调枯燥的生活、紧张忙碌的工作，还有光阴，随着光阴的逝去慢慢就老了。

谁家的女人不是黄脸婆？谁又能在自己家里整日穿件低胸晚装，还要画个精致妆？除非她是从不为丈夫、孩子、家庭付出的女人。

不想成为黄脸婆、下堂妻的话，更重要的是学会美丽自己。煲一碗玫瑰百合酿，难吗？一点也不难。让男人知道，你除了是他的老婆，更是你自己。

饮食中，大鱼、大肉最好少吃些，以免伤脾胃，或者用蒸、煮的方式烹饪，做得清淡些，因为这些滋腻的食物不好吸收。另外，甜食吃多了减缓肠胃蠕动，会伤及脾胃，一旦脾胃功能失调，脸色就不好看了。如果实在想吃甜食，最好选择在中午吃。

玫瑰、百合、酒酿，这几样放到一起煮，还会产生有利于皮肤的酶类与活性物质。特别是酒酿，能够帮助血液循环，促进营养成分的吸收，食用后会让脸色滋润动人。其实，这些不仅仅是为了自己，合理的饮食习惯也可以让家人一起健康。

国医大师朱良春，93岁高龄时仍出诊看病，满面红光，精神矍铄。他说，这都得益于每天的一碗粥。这碗养生粥由绿豆、扁豆、莲子、薏米、大枣、枸杞等食材加入特制的药水熬成，特制药水就是黄芪水。此粥的最大功效就是健脾胃。

会生活的女人，也是会用心做菜的女人，把几滴油、一把盐、一份爱、半点甜，用纤纤玉手调成幸福的滋味。这样的女人，如一朵可爱的玫瑰，把爱留在男人的心里。

食谱

材料：鲜百合3小朵，酒酿1碗，玫瑰花10克。

调料：冰糖、玫瑰酱适量。

做法：

1 百合洗净滤干，剥瓣。

2 玫瑰花去萼，留瓣。

3 锅中倒入酒酿，加适量清水。

4 放入百合，煮开。

5 转小火煮3分钟。

6 然后放入玫瑰花瓣，煮1分钟。

7 调入玫瑰酱、冰糖，即可关火出锅。

> ❀ **厨房小语**
>
> 　没有玫瑰酱，可用蜂蜜代替。

美颜妙招 ♥ **舒缓情绪泡脚法**

　　材料：玫瑰精油、天竺葵精油、茉莉精油各适量。

　　做法：每晚将玫瑰精油、天竺葵精油、茉莉精油各1～2滴混入45摄氏度的热水中，脚浸泡在热水中，时间为30分钟。泡脚后，用足部按摩器、足部反射按摩板、按摩刷刺激经络区域，可促进血液循环，使情绪放松。

《红楼梦》中人是如何开胃健脾——砂仁清蒸牛肉

《红楼梦》中，那烈火烹油、鲜花着锦的红楼美食，如何搭配膳食平衡？暗含哪些养颜秘诀？红楼佳人的一日三餐，隐藏着多少祛病良方？

材料

在《红楼梦》第六十三回中，描写了"尤二姐饭后咀嚼砂仁，贾蓉进门后与她抢着吃"的片段，说明砂仁不仅可以药用，民间来还把它当作调胃、养胃、助消化的保健食物，用来煲汤、炖肉、煮粥，甚至当作零食。

自唐朝以来，历代本草对砂仁的功能、主治都有记载。中医认为，砂仁是一种芳香化湿、醒脾开胃的常用药物，主要作用于人体的胃、肾和脾，能够行气调味，和胃醒脾。

谁都知道，女人想美丽动人就要补气养血。人身上的气血，就是胃经补血而来，而脾胃是气血生化之源，能将水谷化生为气血，因此脾胃是"后天之本"，是生命的根本。

一个人的脾胃功能健旺了，营养自然也就吸收得均衡，拥有白皙红润的脸色，肌肤也有很好的弹性，这难道不是每个女人美丽的梦吗？

很多女生为了减肥，或者为了保持身材的苗条，少吃主食，甚至不吃主食，这也是错误的饮食习惯。米饭、馒头是碳水化合物，是我们身体能量供应的主要来源，不仅容易吸收，还有健脾胃的作用。

砂仁既是著名的"四大南药"之一，也是调味佳品。砂仁入食也堪称妙品，砂仁药膳其味芳香，回味隽永，有一股自然的气息。

很多著名的药膳都是用砂仁烹制而成的，如春砂煲猪肚、砂仁蒸鸡、砂仁粥、砂仁鲫鱼汤、砂仁蒸猪腰等。用花、叶、茎与茶叶制成的砂仁茶，乃是上乘养生茶，一丝淡淡的温润，既开胃又养颜。

还有一种砂仁蜜，特别适合社交应酬多，因饮酒频繁、饮食多肥甘味厚，给肠胃带来一定的消化压力，从而影响胃肠道发挥正常功能的女生。每日喝一杯春砂仁蜜水，或将其调入豆浆、牛奶、米粥中，有养胃健脾、祛湿养颜的功效。温度以不超过60摄氏度为宜，否则其中的维生素和酶将受破坏。

食谱

材料：牛肉 300 克，砂仁 10 克。

调料：葱 1 段，姜 3 片，盐 4 克，米酒汁 2 勺。

做法：

1 砂仁捣碎。

2 牛肉切片。

3 牛肉冷水下锅，焯水。

4 碗中放入葱、姜。

5 再放入焯过的牛肉片。

6 撒上砂仁碎。

7 放入米酒汁，调入盐，加适量煮牛肉的原汤。

8 上蒸锅蒸 1 小时左右即可。

> ❀ **厨 房 小 语**
>
> 1 勺约等于 15 毫升。

🌸 美颜妙招 ♥ 薰衣草香薰

点燃熏香法：用一盏香熏灯，在小碟中加入水及数滴精油，然后点燃无烟蜡烛。根据不同的薰衣草香薰精油，其留香时间有所不同。

沐浴法：将数滴薰衣草精油放入浴缸的温水中，用于泡澡或泡脚，全身放松浸泡大约 20 分钟。用前先将薰衣草精油在温水中搅拌均匀，水温不宜过高，否则精油会很快挥发。

青衣素颜，隐于厨的美颜之道

排毒，解读餐桌上的排毒食物

不是肥胖就是口臭，不是色斑就是痘痘，吃得再少，依旧是三层小腹，真令人沮丧！

每个人，特别是年轻女生，都希望自己容颜娇艳、肌肤滋润，可是在你追求外表的美丽时，是否想过身体内的「环保」呢？餐桌上一些常见的食物只要经常吃，就可以有效地进行排毒。将排毒进行到底，做个靓丽的通透美人。

竹笋是体内垃圾的"清道夫"——笋片鲫鱼

笋，自古备受文人墨客和美食家的赞叹，更有"尝鲜无不道春笋"之说，"西溪楼啖煨笋"是文人的一件赏心乐事。

材料

笋受人追捧，美味只是原因之一，健康则是原因之二。笋富含长纤维，能促进肠道中脂肪食物的排泄，减少食物中脂肪的吸收，对肠胃内壁具有极好的清扫功能，是肠道的优秀"清道夫"。餐桌上还有哪些食物可以起到清除体内垃圾、排出毒素的作用呢？

菌菇类和海藻类 菌菇类，如黑木耳、银耳、蘑菇、香菇等。海藻类，如裙带菜、裙带菜叶、海苔、褐藻、羊栖菜等。这些食物富含硒，可以促进新陈代谢，快速燃烧体内脂肪。

饱腹纤维素粗粮 富含纤维素的食物，比如全麦粉、糙米、燕麦、绿豆、薏米、玉米等，这些食物的精妙之处在于不仅能清理肠道油腻，改善胃肠道的新陈代谢，还可以加快营养物质的吸收和毒素的排出。

绿色果蔬汁 果蔬富含食物纤维，特别是根类蔬菜如胡萝卜、莴笋、土豆等，还有蔬菜与水果搭配的果蔬汁，如番茄水果汁、芹菜水果汁、黄瓜水果汁等，这些都可以增加对油腻食物的消化能力，补充维生素和矿物质，净化身体。

醋 看到醋，先别夺门而出去买老陈醋，它并不是厨房里的调料，而是水果醋，口味酸中有甜，甜中带酸。超模辛迪·克劳馥就深谙此道，在每餐之前喝上一大口苹果醋，深信这样有助于保持曼妙身材。醋中富含的氨基酸，能减少体内的胆固醇和中性脂肪的量，使其转变为体能，醋加蜂蜜还是韩国影星金喜善的最爱呢。

花草茶 花草茶已成为人们亲近自然、享受生活的一道健康茶。喝花草茶是可以让人体排毒的一种极简单的方法。可依据自己的情况选择清火排毒的菊花茶、消脂去油腻的柠檬茶、润肺去燥的罗汉果茶、促进肠蠕动的决明子茶、利尿解毒的艾蒿茶和清脂通便的荷叶茶等。花草茶除了对身体有保健调养的功效之外，还能传递一份闲适与浪漫的优雅情怀。

材料： 鲫鱼1条，笋200克。

调料： 姜4片，盐3克，胡椒粉适量。

做法：

1 笋切片。

2 放入锅中焯水，捞出。

3 鲫鱼宰洗干净，放入锅中煎至两面金黄。

4 加入适量清水，放入姜片。

5 大火煮10分钟，汤色变白。

6 再放入笋片煮5分钟，调入盐、胡椒粉即可出锅。

> ❀ **厨房小语**
>
> 　想让汤色呈奶白色，一定要大火来煮。

美颜妙招 ♥ **提拉双颊**

　　每天花上10分钟，以额心为出发点，双手往左右太阳穴点拉，再从额心至左右发际往上轻轻提拉。然后吸气、鼓起双颊，用双手拳头的背部以画圈的方式轻轻揉压双颊，5秒后呼气放松，重复数次。

　　用指腹按捏笑肌处，并发出"呀、呜、依"的声音，可训练肌肉，延缓肌肤下垂。最后嘴巴呈"O"字形，尽力将鼻子往上拉，上唇往下拉，停留3～4秒，恢复原状，重复数次。

简单易做的排毒养颜圣品——红酒醉金橘

一直以为，红酒不是用来搭配食物的，而是用来搭配浓浓夜色下的心情。

材料

红酒是女人的酒。一个人的夜晚，纯粹自我的时刻，倒上一杯红酒，红色的液体沿着杯壁缓缓流入杯中，静静地品着。红酒中充溢着岁月留下的影子，幸福也罢，忧愁也罢，那都是人生的滋味。

而今，喝红酒成了时尚女性不可少的一种品质生活的象征。大S徐熙媛曾在她的美容书《美容大王》中极力推荐过美容圣品——红酒。

在印度西北部的斋普尔，有专门的葡萄酒美容院，女士们把葡萄酒均匀地涂在脸上，轻柔地进行按摩，让葡萄酒慢慢地渗透到肌肤中，以达到滋润皮肤的美容效果。

爱美的女生都知道，喝红酒能刺激血液循环，帮助脂肪燃烧，可以减肥，那么红酒配什么减肥效果最好呢？

红酒与玫瑰——将玫瑰装于瓶中，加红酒浸泡，密封一周即可。睡前喝上一小杯玫瑰红酒，也可用来做面膜。

红酒与迷迭香——将迷迭香装于瓶中，加红酒浸泡，密封一周即可。晚餐后半小时喝上一小杯迷迭香红酒，也可用来做面膜。

若是嫌泡制红酒麻烦，那么也可睡前直接喝上一杯红酒，同样加速身体新陈代谢，不知不觉就瘦了。

红酒中的超氧化物歧化酶和葡萄籽富含的营养物质葡萄多酚，可保护细胞和器官免受氧化。红酒不仅有明显的美容养颜的效果，还有一个特别直接而明显的特点，就是能够预防乳腺癌。

红酒醉金橘是深谙保养之道的日本女演员大和田礼子极力推荐的一道排毒又养颜的甜品，自从问世以来风靡日本，让日本女人纷纷效仿。你不用担心吃下红酒金橘会醉得不省人事，在煮的过程中，酒精会被蒸发掉，剩下的只是微微的酒香。

古诗云："美酒饮教微醉后，好花看到半开时。"偶尔的薄醉，淡淡的清愁，也是快乐的。

食谱

材料：红酒 1 瓶，金橘 300 克。

调料：冰糖 100 克，盐 5 克。

做法：

1 金橘放入盐水中浸泡 10 分钟，洗净。

2 用刀在金橘上划几刀。

3 压扁。

4 将金橘全部切完。

5 砂锅中倒入红酒，放入冰糖。

6 放入金橘。

7 大火煮开，转小火煮 30 分钟，至金橘软烂
  即可。

美颜妙招 ♥ 消灭颈椎病

左顾右盼：上班休息时，可以做一个简易的"左顾右盼"脖颈运动。头颈向右转，双目向右后方看，然后头颈还原。头颈向左转，双目向左后方看，然后头颈还原。每个后转动作保持 10 秒钟，动作要配合呼吸，缓慢进行。

回头望月：脖颈僵硬，"回头望月"是不错的选择。练习时，头颈向右后上方尽力转，上身也随同略向右转，双目转视右后上方，仰望天空，然后还原。再把头颈向左后上方尽力转，上身也随同略向左转，双目转视左后上方，仰望天空，然后还原。每一次回头动作要保持 5 秒钟。

还有一个简单的方法，它们能让你在电脑前甚至在开会时完成：双手十指交叉放在颈部，头用力向后或左右伸，手用力阻挡，头虽没动，但通过两个方向力的较量可使颈部肌肉舒缓。

闽中语：颈椎操可有效缓解颈肩背部肌肉的僵硬。做颈椎操时以缓慢、舒展为宜，切记不可用力过猛。

青衣素颜，隐于厨的美颜之道

第4章

美食妙方

读懂你身体里的
美颜密码

才是最好的美容良方。

用饮食来滋养女人膏脂般的肌肤，

是身体营养的主要来源，

饮食是生命的根本，

是从内向外、顺其自然的一种保养方式。

以自然之道，养自然之身，

都是天然的食物，

我所说的养颜与饮食的妙方，

来使自己成为一个美丽可爱的人呢？

那么，怎样通过合理的饮食，

是自然传统的长久的养护。

是由内而外养出来的，

女人真正的美丽，

经后一碗汤，念好女人经

月经对于女人来说，
是一个美丽的负担。

女人在每月一次的『来潮』期间，
几乎都会有乳房胀痛、下腹胀痛、易疲劳、
情绪焦虑等症状，不免让女人心烦意乱。

可是你千万不要疏忽这位『亲戚』，
如果你侍候不好它，
它会给你带来一些生理期的小麻烦。
如果在经前和经期能注意饮食调理，
就可以减少这些不适感。

一盅补血汤养出女人好气色——补血三色盅

材料

认识慧的那年，慧刚满 20 岁，还是大学二年级的一名学生。那日，我去找她，在她的宿舍里见到了她。慧正蜷曲着身子躺在床上，双手捂着肚子，面色略显苍白，紧蹙双眉，一脸的痛苦状。

我问慧："每个月都这样，还是就这个月？"

慧说："每个月都这样，已经好多年了，每到这个时候，我都得请两天假休息，什么也不能做。"

看到慧如此痛苦，后来我给她带去了一包玫瑰果和一包肉桂粉，让她泡水喝。

是玫瑰果，而非玫瑰花。玫瑰果含有丰富的维生素 C，特别是含有类黄酮，能健脾消食、活血调经，对月经不调、痛经等有明显改善。

在玫瑰果茶里还可以加一点点肉桂粉。肉桂粉是一种温补的药材，能温中补阳、散寒止痛、活血通经，有了它，就不用担心月经不通畅了。

大约过了 3 个月，她告诉我，困扰她多年的痛经好多了，来月经时可以正常去上课，不用再请假了。

那么就说说家常餐桌上喜闻乐道的补血妙方吧。一日三餐中，有很多补血食材，像红枣、桂圆、花生、红豆、红糖、乌骨鸡、枸杞、莲藕、黑芝麻等，都是人们常吃的补血、补肾的食品，将它们互相搭配，就成了很好的补血食疗方。

女人在月经期会流失一部分血液，与此同时，体内合成血红蛋白的铁元素也随着血液一起流失掉了。因此，月经期后需要多补充含蛋白质及多种维生素的食物，如鸡蛋、鹌鹑蛋、牛肉、羊肉、芡实、黑木耳、猪肝、牛奶等。

有条件的话吃点燕窝、雪蛤，也有非常好的滋阴补血效果。将鸭肉、雪蛤、糯米一起煮粥，有养血益脾、补中益气的功效，特别是对于手术后失血过多的女性体虚是大有好处的。

爱自己，就为自己煲一碗补血汤吧。

材料：红枣 8 颗，干银耳 10 克，乌梅 4 个。

调料：冰糖适量。

做法：

1 红枣、乌梅洗净。

2 银耳泡开，去蒂。

3 将银耳放入炖盅里。

4 再将红枣、乌梅、冰糖放入盅里。

5 加入适量清水。

6 放入锅中蒸 40 分钟即可。

美颜妙招 ♥ 温香肉桂茶

如果你去传统的韩国料理餐厅就餐，会为你奉上一杯肉桂茶。曾在朝鲜时代宫廷宴会里出现的肉桂茶，如今却成了一种常见的饮品。

玫瑰果茶无论是茶色还是滋味都比玫瑰花茶浓厚，配上肉桂粉，深红的肉桂茶，喝上一口即带着一股甜香和微辣袭来，甜中微酸。

这道肉桂茶，若是没有条件煮，也可以用沸水冲泡，在茶杯中多闷几分钟就可以了。

材料：肉桂粉 3 克，玫瑰果 1 大匙，冰糖适量。

做法：

1. 取一小锅倒入适量清水煮滚，再加入玫瑰果煮约 1 分钟关火。

2. 再放入肉桂粉和冰糖，盖上锅盖闷约 3 分钟即是一道完美的肉桂茶。

内外兼修，一个「痘」
不留

食物也具有寒热、温和五味，
即食性同药性，如何来选择食物，
是你健康最大的决定因素，
这是毋庸置疑的。
皮肤的粗糙与细腻也是更多地取决于食物
食物对肌肤的影响，可能超过一般人所能想象的，
如果将食物改变，你就会在战痘之路上
向成功迈进一大步了。

改变饮食，远离痘痘——西柚优格水果沙拉

材料

女生个个都想只要青春不要痘，广告里说什么有效就迫不及待地去买，有的也许真的有效，有的也许会越抹越糟，自己的脸变成了二亩试验田。

食物也具有寒热、温凉和五味，即食性同药性。如何来选择食物，是你健康最大的决定因素，这是毋庸置疑的。皮肤的粗糙与细腻也更多地取决于食物。

对于这些我有着亲身的经历，因为陪着儿子走过了这样一段时光。

儿子进入大学以后，他们班里的女同学很是羡慕他的好皮肤，脸上没有痘痘，也没有痘痕。有一次我去学校看他，正好遇到他的女同学，先说起的就是他的皮肤好，令人嫉妒。

我告诉她，这是因为在他青春期正长痘痘的时候，对他照顾得比较细致的结果。

那时，我对他的饮食十分用心，主食、蔬菜、肉类合理搭配，每天中午还会煲一锅汤来喝。因为从古至今，饮食养生汤为先，汤始终和养生、药膳有着亲密的关系。

然后，再给他备一碗用酸奶调的水果沙拉，等他睡醒午觉，吃了这碗酸奶水果沙拉后，再出门上学。有时还会做一些水果奶昔，让他喝了再去上学。香蕉奶昔是很好的选择，味道很不错，也可加一点点咖啡在里面，既调节一下口味，也可让他下午上课有精神。

酸奶水果沙拉可选自己喜欢吃的应季水果，如酸奶芒果、酸奶草莓、酸奶苹果等，这些都是与酸奶搭配口感不错的水果沙拉。也可做成各种水果奶昔，无论是酸奶水果沙拉还是水果奶昔，都是那么清新可人，营养丰富。如果是夏季，可放入冰箱冷藏一下，口味更佳。

酸奶与水果的搭配，可以清理身体内的毒素，让身体内部清爽，很大程度上便避免了痘痘的生长。

食物对肌肤的影响，可能超过一般人所能想象的，如果将食物改变，就会让你在战痘之路上向成功迈进一大步了。

❀ **厨房小语**

　　水果依自己的喜好搭配。

材料：西柚 1 个，猕猴桃 1 个，苹果 1 个，黑布朗 1 个。

调料：酸奶 1 杯。

做法：

1 黑布朗、猕猴桃、苹果去皮，切丁。

2 西柚切开，去皮。

3 黑布朗丁、猕猴桃丁、苹果丁放入大碗中。

4 剥出西柚肉，放入碗中。

5 调入酸奶，拌匀，放入盘中。

❀ **美颜妙招** ♥ **白果祛痘面膜**

　　原料：白果粉 10 克，薏米粉 10 克，牛奶适量。

　　做法：白果粉、薏米粉与牛奶调成糊状，清洁面部后敷于脸上，20 分钟后用清水洗净即可。

　　闺中语：白果也叫银杏果，同时也是一味功效卓著的中药。外用则具有杀菌作用，可收缩肌肤，对青春痘有明显功效。

青衣素颜，隐于厨的美颜之道

青春没了，为什么痘还在

夜晚，妆卸了，那遥远的影子不再妖娆。

揽镜而照，细细看，一张洗去粉底的素脸。

不禁就呆了，青春没了，痘还在。

25岁以后长的痘痘叫成人痘，也叫熟女痘，也称后青春期痘痘。

这个时期的痘痘已与青春无关了，而多与熬夜睡眠不足、工作压力大、不良的生活饮食习惯有着密切联系。

改变饮食，让你远离痘痘。

不长痘痘，到底要怎样吃——豌豆雪梨豆浆

26岁的小沫是一个白领，每天长时间面对电脑，经常加班熬夜，饮食也没有规律。小沫渐渐地吃到了苦果子，脸上开始长痘。

材料

起初，小沫的脸上只是星星点点的痘痘，后来就变成了雨后春笋，连绵不绝，很快便把整张脸霸占了，更是肆无忌惮地赖在她脸上不肯离去。

小沫一直很郁闷，自己在青春期都没长过几个痘，到了这个年龄怎么开始长痘痘了呢？

她变成了一个与青春痘死磕的丫头。起初是喝中药去痘，无济于事，后来吃珍珠粉，还边吃边涂抹，也是于事无补。而且每天面对琳琅满目的祛痘化妆品，更是用个遍不死心。最可怕的是，她居然还吃了一段时间的异维A酸胶囊。这个药的副作用是比较大的，可导致抑郁症等精神疾病，还可致胎儿畸形。

回顾一下小沫的生活，不难从中找到小沫长痘痘的原因。小沫工作、生活压力日益增加，又吃了太多的工作餐及快餐食品，熬夜后睡眠不足，身体已经内分泌失调，那么痘痘的出现就不足为奇了。

我告诉她：“是你的保养方式不对，若想让皮肤细腻，应该使身体有一个健康的代谢与循环环境。”

二十多岁的女生大多以自己的喜好来选择饮食，喜欢太甜、大油、过辣的食物。这些食物对于痘痘来说，是既施肥，又灌溉，最终痘痘一定会发芽结果。

脸上长痘痘，多与内火旺盛有关。每天最好喝一碗既清热又养颜的粥，或喝一杯番茄汁、黄瓜汁，多吃些水果蔬菜做成的沙拉，如薄荷蔬果沙拉、苹果醋蔬果沙拉等，都有清热调理的效果。

金银花自古被医家誉为清热解毒的良药，是甘寒清热的药铺“小神仙”，单独用金银花泡茶喝也是治疗青春痘的上佳饮品。

都说女人的美丽是吃出来的，这个吃不是让你暴饮暴食，也不是让你挑食或不食，而是有选择地吃，有心地吃，重调养地吃。

❀ 厨 房小 语

　　按自己的喜好
调入冰糖或蜂蜜。

食谱

材料：豌豆 40 克，杏仁 10 克，雪梨 1 个。

调料：冰糖或蜂蜜适量。

做法：

1 豌豆浸泡 6 小时，雪梨去皮、切块。

2 将豌豆、雪梨、杏仁放入豆浆机中。

3 加适量清水，按下豆浆键即可。

美颜妙招 ♥ **白醋泡薏米**

　　白醋泡薏米是祛痘的方子，此方可谓是独家秘方，是一位老中医给的，用过效果不错。

　　材料：薏米 30 克，白醋 50 克。

　　做法：薏米洗净，用料理机打成粗粒，不要打成粉；也可用布包裹，用擀面杖敲成碎粒。然后倒入瓶中，再倒入白醋，浸泡 7 ～ 10 天。每晚清洁面部后涂在脸上，有祛痘美白的作用。

保健品，不是简单的加减法

无论是小女生，还是少妇，都在翻新花样地想留住美丽。

当电视上的美人捧着各种口服液，美丽的容颜如此灿烂时，真的让许多女人动了心。

爱美之心人皆有之，因为有了美，世界才会变得美丽动人。

可是，吃保健品并非是做简单的加减法，让你美上加美。

黑之五物，滋补上品——黑五谷豆浆

在我的身边就有两种保养方式的女人：一种是以合理饮食来调理内分泌，一种是用保健品来调理内分泌。

材料

我是那种合理饮食派，而小韵是典型的用保健品来保养身体的人，只要电视上有什么保健品广告，她都会用心去看，然后买来吃。小韵的理论是，她是懒人，懒得动手去做那些汤汤水水，拿来主义最适合她。

有一天早上，小韵到办公室后，正想打扫一下卫生，突然鼻子有血慢慢滴下。小韵赶紧掏出纸巾擦拭，不一会儿就好了，小韵也没在意。

可是连续几天，每天早上，她都会有鼻血慢慢流出，只是短时间的出血。我劝她还是去医院检查一下，不要有什么问题而耽误了治疗。

小韵倒是也听话，去医院做了检查，检查结果是一切正常。

我忽然想起了小韵所吃的那些保健品，问她："你最近又吃什么东西了？"

小韵说："没吃什么特别的，就是喝了一种补血口服液。"

我对小韵说："你还是先把补血口服液停了，别喝了。调理内分泌不是简单的加减法，保健品一般有特定的适用人群，并非所有人都适宜服用。"

小韵不再服用补血口服液后，鼻子滴血的现象也就消失了。

如今，市场上有很多标明用中药来调理女人内分泌的保健品。调理内分泌其实是西医的说法，中医称之为调理气血、化瘀散结、补气养血，使内分泌达到均衡状态。

女生主动调理内分泌虽然是好事，但一般没有出现内分泌失调的症状时，不要用什么口服液以及其他的保健品。其实，调理女人的内分泌还是家常的食物最为安全。

女生可以多选一些黑色食品来吃。黑色食品不仅给人以外表质朴、味道醇厚的感觉，而且有调理身体的代谢功能、刺激内分泌的功效。餐桌上常见的黑色食物有黑豆、黑芝麻、黑糯米、黑玉米、黑木耳、香菇、紫菜、海带及乌骨鸡等，都是调理内分泌的绝佳食物。

还是那句老话，药补不如食补。

 食 谱

材料：黑米 15 克，黑小米 15 克，黑豆 15 克，黑枣 6 个。

调料：冰糖或蜂蜜适量。

做法：

1. 黑豆浸泡 6 小时。

2. 黑枣去核。

3. 将黑小米、黑米、黑豆、黑枣洗净，放入豆浆机中。

4. 加入适量清水，打成豆浆即可。

> ✿ 厨 房 小 语
>
> 可依据自己的口味调入冰糖或蜂蜜。

🌸 **美颜妙招** ♥ 瑜伽冥想

　　瑜伽冥想作为一种锻炼方式而盛行。冥想其实是一件十分简单的事情。比如每天花 10～40 分钟做两次美丽冥想：找一个宁静的地方，闭上眼睛，把注意力集中到一次呼吸、一个词语或一个形象上，想象有一束代表年轻朝气和健康美丽的光芒，从头顶缓缓地注入你的体内，你的内视目光看着它照射到你身体的每个部位，激活着你的每个细胞，你的皮肤因此而光滑细嫩，眼睛因此而清澈明亮，四肢因此而灵活轻巧。

　　冥想可以使人的内心平静，如果拥有了这份平静，就拥有了所有的东西。它不再是神秘的事情，而是非常大众化的生活方式。

青衣素颜，隐于厨的美颜之道

瘦身不当，失却女人『根本』

『楚王好细腰，后宫多饿死』，这是如今这个年代以瘦为美的最好诠释。

曾经看过一篇报道，专家介绍，人若节食四天便会引起机体内分泌失调，为身体埋下各种隐患。

减肥时，健康的饮食结构是安全减肥的原则，素食一段时间比节食更健康。

简而言之，不是少吃，而是要吃得更合理。

如何让减肥与进补化敌为友——黑茶炖土鸡

女人减肥是一生的事业，又怎能荒废？

材料

小凝身高 1.76 米，体重 55 千克，她一心向往能成为那种骨感型的女子，做一名职业模特。骨感在这些女生心里，也许就是一种人生态度吧。

小凝就是这样一个女生，她一直靠吃减肥药和节食来控制自己的体重，有时一天只吃两个苹果，几乎与荤食无缘，饿了就喝水，等到脂肪减少时，她已是人比黄花瘦了。

结果有一天，小凝被送进了医院。忐忑中等来了诊断结果：内分泌失调，骨质疏松，已出现早衰现象。这些都是老年人的专利，怎么自己竟会这样呢？其实，是她吃减肥药和过度节食造成的恶果。

不管是真肥还是假肥，"不吃饭了，今天减肥"成了女生们的口头禅。盲目地节食，还过量地吃减肥药，那就很危险了。

这道黑茶炖土鸡，它的配料是安化黑茶。黑茶也许知道的人不是很多，它是中国独有的六大茶类之一，属后发酵茶，茶叶通过高温火焙，色泽就变得黑褐油润，因此数百年来被人们称为黑茶。

黑茶被日本人称为瘦身茶，被韩国人称为美容茶，被中国台湾人称为消食茶，历来有"饭后饮之可解肥浓""解油腻、牛羊毒""去油腻""解荤腥"等说法。

黑茶消食瘦身的效果在法国得到了验证，法国人尤其喜爱它，并称之为"刮油茶"。法国人曾有实验，每人每天喝 3 杯黑茶，一个月后，许多人减轻了体重，并降低了血脂。

小腹三层，并非一日之馋的结果，且有"怀胎十月"之嫌，这也是女生的心头之恨。而黑茶对甩掉小腹多余的脂肪有显著的效果，因为黑茶中的酶可以去油腻，并且帮助及时排除体内多余脂肪。

若想减肥，以浓茶为佳，最好在饭后半小时饮用，晚餐前后更适宜喝黑茶。有些女生会问："是不是会影响睡眠？"黑茶性质温厚，不会影响睡眠。饮用的量一般要保持在每天 1.5 升，坚持一段时间就会有明显的效果，是既健康又养生的减肥方式。

❀ 厨 房 小 语

若是汤中油脂过多，可在煲煮过程中撇去油脂。

食谱

材料：土鸡1只，泡发猴头菇150克，黑茶20克。

调料：香葱3根，姜4片，盐5克。

做法：

① 黑茶放入茶包中。

② 土鸡放入冷水锅，焯过后捞出。

③ 锅中另加入清水，放入土鸡、香葱、姜片、猴头菇。

④ 放入茶包。

⑤ 大火烧开。

⑥ 转小火煲1小时左右，调入盐，再煲煮30分钟即可。

❀ 美颜妙招 ♥ 瑜伽金刚坐

饭后坐10～20分钟即可。一开始练时，可能腿部容易发麻，感觉麻时就把腿伸直按摩一下，再接着练习。瑜伽中的金刚坐，可以改善消化系统的功能，并且能平衡身体各部位的神经系统，使养分输送均匀，减少局部堆积脂肪的可能。具体做法：

1. 跪姿，两小腿胫骨着地，两脚脚背平放在地板上，两大腿与地面垂直。

2. 双膝并拢，两脚大脚趾交叉摆放，两脚跟倒向两边。

3. 坐下来，臀部落在分开的两脚跟之间。

4. 腰背挺直，双手放在两大腿上，抬头，双眼平视前方。

熬夜，在一夜之间花容失色

很多时候，女生们熬夜也是迫不得已。

无论是「自发少睡」的夜猫子，还是「被少睡」的加班者，长时间熬夜，很容易让面容苍老憔悴，自然看起来会老了一岁。

在昏黄的灯光下，面对电脑苦熬一夜，很容易使内分泌发生紊乱，引起便秘、肥胖、肠胃不适等问题。因此，皮肤缺水干燥脱屑、毛孔粗大、色斑沉着、痘痘、满面油光，这些都跟熬夜有关。

熬夜一族饮食均衡营养，能缓解熬夜带来的不利影响。

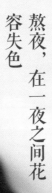

熬夜一族饮食均衡营养法——意粉沙拉

熬夜时加餐是必不可少的，那么如何来选择食物，让夜间进食也健康？

材料

熬夜最易导致的情况，就是眼睛浮肿和熊猫眼，这时候最好敷眼膜。告诉你一个最简单实用的方法，用土豆片、黄瓜片交替做眼膜。土豆、黄瓜削成薄片，越薄与眼睛越服帖。先用土豆片敷眼，土豆片不再湿润后，再换黄瓜片敷眼，交替使用，对因睡眠不足引起的眼睛浮肿、黑眼圈有特别的效果。

补充维生素 C 是熬夜的女生必须做的，柠檬茶是不错的选择。切两片柠檬放到杯中，冲入开水浸泡 3 ～ 5 分钟，若是觉得味道有些酸，可调入一点蜂蜜改变口感。

杯中的那两片柠檬千万别扔掉，可以用它来敷眼 10 分钟，既没有了柠檬酸的刺激，又可预防熊猫眼的出现。

一盘绿色蔬菜沙拉和一盘酸奶水果沙拉比咖啡、方便面、薯片等食物健康多了。像苹果、番茄及香蕉这几种水果都适合用来做水果沙拉。它们在任何时间都可食用，不但有营养，而且丰富的叶酸会让你头脑清醒，思维更敏捷。

可多吃一些银杏、开心果、杏仁、腰果、核桃等干果类食品，因为它们含有丰富的蛋白质、B 族维生素、维生素 E 和镁，不仅有助于大脑放松，而且有节奏地咀嚼还可缓解焦虑。

著名女影星奥黛丽·赫本曾经说过："爱吃的女人衰老早，会睡的女人美到老。"睡美人，顾名思义，美人是睡出来的。睡眠若能达到"倒床不复闻钟鼓"的境界，那么她的身体就是一种很和谐的健康状态。

熬夜之后，睡前喝一杯薰衣草茶，再将几滴薰衣草精油滴在面巾纸或手帕上，将其放在床边，不但可以舒缓一天的紧张情绪，使人迅速进入梦乡，还可以起到美肤养颜的作用。

睡觉时盖一床薰衣草舒眠被，这种被子的角上有一个小小的拉链，里面可放置一个薰衣草的香袋，当薰衣草的香气散发完之后，可以随时更换里面的香袋。

食谱

材料：意粉 100 克，黄瓜丁 30 克，番茄丁 30 克，西芹段 20 克，熟虾仁 30 克。

调料：千岛酱、黑胡椒碎适量。

做法：

1 意粉放入锅中，煮熟。

2 西芹放入锅中，焯熟。

3 意粉捞入大碗中。

4 西芹、虾仁放入碗中。

5 放入黄瓜丁、番茄丁。

6 调入黑胡椒碎。

7 调入千岛酱，拌匀即可。

> ❀ **厨 房 小 语**
>
> 蔬菜可依据自己的喜好搭配。

美颜妙招 ♥ **安眠泡脚法**

材料：首乌藤 60 克，合欢花 30 克，当归 30 克，玫瑰花 30 克。

做法：做一个纱布口袋，把首乌藤、合欢花、当归、玫瑰花放在里面，然后把口袋扎紧，放入锅中，加入你需要泡的水量，煮 20 分钟左右，晾凉至 40 摄氏度左右后倒入盆里进行泡脚。

这些药材都是安神活血的药，用这些泡脚以后可以起到很好的安眠作用。

青衣素颜，隐于厨的美颜之道

深藏不露的美丽秘籍

中医历来认为，
寒凉为百病之源。

对于女人来说，冷是一切疾病的诱因，

寒凉侵体，容易导致气血亏，

诱发手脚冰凉、痛经等症状，

还会造成性欲冷淡，怀孕后胎儿不能正常发育，

甚至是不孕不育，也就是中医所说的

"宫寒体寒"，暖宫可好了。

凡虚寒证，孰轻孰重，

女生们还是好自珍重吧

美食暖暖你的身——黑米生姜红茶

材料

小沈这个月来月经时，肚子很痛，妈妈怕她生病了，就拉她去了医院。医生检查后告诉她，只是痛经。随后问道，是不是过多地吃寒凉的东西了？

小沈妈妈说："是啊，她放假在家吃冷饮和瓜果，吹空调，用冷水洗脚，贪凉不注意保暖。"

回家后小沈妈妈指着小沈的鼻子说："得瑟，这就是得瑟的恶果，听医生说了吗，这样下去将来有可能生不了孩子。"

冬天寒风瑟瑟的大街上，随处可见女生身穿短裙、丝袜、长靴，而男人们则被迷得神魂颠倒。女人天性怕凉，可是越来越多的女人却越穿越少。爱美没有错，但是生病了、痛经了就是你的错。

而且几乎每个女生都喜欢不分季节地吃寒凉的食物，如冷饮、冰茶、瓜果等。冷饮最好在夏天吃，而且也不可多吃；瓜果等寒性食物，也要分季节，适可而食。

看到身边越来越多的女人都不易怀孕生子，就知道为什么了。

曾经，母亲常常嘱咐我，女孩子要保暖，不能贪凉，不要坐寒。就是让我不要直接坐在地面、石面等比较凉的地方，寒气太重，会直接进入身体。还告诉我，寒露脚不露，要穿上厚袜子，特别是晚间不能让丝丝凉意从脚底蹿上来。

说到这，我想起有人问过我，为什么韩国的女生不怕冷？她们一年四季穿裙子已是很普遍的了，天气再寒冷也不例外，最多再穿上一层薄薄的保暖裤。

但你是否知道，韩国的女生是怎么保养自己的吗？很多女生都不忘在包里带上两包姜糖茶，用来当茶饮，在韩国姜糖茶是冬天的人气产品。

姜是可以温经活血的食补良药，能起到驱寒的作用。体质偏寒的女性尤其容易痛经，可于月经前一周每天喝 1～2 杯的姜茶，饮用过后不仅身体变暖，子宫也很受用，有缓解痛经的功效。

那么，黑米生姜红茶如何呢？这道黑米生姜红茶，可以说是母亲留给我的私房秘茶，既健康又美味，喝一口，留下的那种香甜的味道，令人欲罢不能。

材料：红茶 1 包，姜片 10 克，黑米 100 克。

调料：方糖适量。

做法：

1 黑米洗净。

2 放入锅中，先大火炒 3 分钟。

3 转小火炒至黑米开花。

4 将红茶包、姜片放入碗中。

5 再放入炒好的黑米。

6 加入沸水，放入方糖，浸泡 5 分钟即可饮用。

> ❀ **厨房小语**
>
> 可多次冲泡。

美颜妙招 ♥ **生姜泡脚**

此方温经散寒，疏通经络，改善血液循环，有减轻痛经的作用。一般的保健泡脚，每天晚上睡前 1 次，泡脚水的温度以 30～38 摄氏度为宜，最好不要超过 40 摄氏度，每次泡脚时间需 30 分钟以上。

材料：肉桂、丁香各 15 克，干姜、小茴香、吴茱萸各 6 克，食盐少许。

做法：将肉桂、丁香、干姜、小茴香、吴茱萸用纱布包好，放在水里一起烧开，再加一勺盐煎水泡脚。

女生与零食，不可不说的事

零食，是女生们喜怒哀乐的载体。

生活中，女生们个个都是情绪化的尤物，眉飞色舞之时，喜欢大吃零食；郁闷纠结时，且抱一大堆零食回家，狠狠地吃，等话梅核堆满了桌子，那可闷气也就随风而飞了。

那么女生的"健康零食经"又是什么呢？对零食应是浅尝辄止，不可贪吃，更不要用零食代替正餐。

健康吃零食不长胖——双仁脆枣球

零食，是女生们喜怒悲欢的载体。生活中，女生们都喜欢大吃零食，往往都把各种零食堆在自己的手边，边上网边伸手往嘴里丢。

材料

"郁闷、纠结"这些词语多半出自二十多岁的女生，她们个个都是情绪化的尤物，好像心情不好是她们的专利。此时此刻，她们会化纠结为零食，抱一大堆零食回家，狠狠地吃，等果皮果核堆满了桌子，郁闷便不翼而飞了。

那么女生的"健康零食经"又是什么呢？对零食应是浅尝辄止，不可贪于零食，惰于正务，用零食代替正餐。

零食是生活中必不可少的小食。你知道什么零食在琳琅满目的零食中名列前茅吗？那就是爆米花。

商家出售的爆米花，为了追求香甜的口感，大多加了大量的糖、奶油、黄油等食材。这类高糖、高热量的爆米花，吃了会长胖，也不健康哦。

那些营养丰富而热量相对较低的零食是理想的选择。比如低脂乳酪、天然燕麦片、全麦面包、高纤饼干、不太甜的面包和三明治等。

选择零食还要注意搭配。如果不是很饥饿，可以选择新鲜的蔬果，或者选择提子、杏脯、无花果等干果。此外，还有苹果片、香蕉片等水果片，这些水果片吃起来甜香馥郁、清新爽口，而且是天然干果，脂肪和热量较低，多吃不会发胖，还有较好的保健作用。

千万别拿零食当早餐。早餐吃零食不仅不能给身体补充足够的营养，也会引起肠胃的消化不良。

双仁脆枣球是一道自制的小零食。把红枣去核打成泥，沾裹上一层杏仁、核桃仁，烤至酥脆，出炉后的枣球外酥里嫩，香甜可口。它不仅霸占了你的时间，还霸占了你的味蕾，其富含的膳食纤维还具有通便减肥、补血的功效。

零食是女生生命中一个极为重要的情人，既然离不开、丢不掉，那么就以健康零食来安抚心灵，吃出美丽，吃出健康。

食 谱

材料：红枣 150 克，杏仁 50 克，核桃仁 30 克，土豆淀粉 20 克，牛奶适量。

做法：

① 红枣浸泡 30 分钟。

② 红枣用剪刀去掉核。

③ 剪好的红枣放入碗中。

④ 杏仁、核桃仁用剪刀剪碎。

⑤ 剪好的杏仁、核桃仁放入盘中。

⑥ 红枣放入料理机中，打成泥。

⑦ 将枣泥放入大碗中，放入土豆淀粉，若太干，可加入适量牛奶，能捏成团即可。

⑧ 将枣泥捏成团后放入盘子中，粘匀杏仁、核桃仁碎。

⑨ 放入烤盘中，烤箱预热至 200 摄氏度，上下管烤 15 分钟即可。

❀ **厨 房 小 语**

　　1. 视枣泥的湿度，牛奶可酌情放。

　　2. 烤制时间可依据自己的烤箱而定。

青衣素颜，隐于厨的美颜之道

独家祛斑私密食方——茯苓杏仁奶茶

美丽是女人一生追求的目标。然而生活的压力，让红颜瞬间变老，岁月的流逝，会把女人的美丽偷偷地带走。

材料

同事小尹今年34岁，近半年来，原来白里透红的脸上长了黄褐斑，睡眠不好，还爱生气，自己也控制不了，很烦恼。后来说起原因，是小尹结婚这么多年，一直没能怀孕，随着年龄越来越大，家人给她的压力是可想而知的，婚姻也几次出现危机，过去明媚的日子变得黯然失色。

小尹服过一些祛斑的药物，没有一点好转的迹象。祛斑霜换了一瓶又一瓶，来来回回地折腾，没完没了，赔上了银子，折腾了自己。

其实，小尹的色斑是肝气郁结所致。黄褐斑不是身体上的器质性病变，那种药到病除的法子只是个幻想，只有在饮食和情志上调理才是最佳的祛斑方法。

女性要懂得关爱自己，调理好内分泌，远离黄褐斑的困扰。食疗的最好方法莫过于熬粥或煲汤了。用豆浆加入米、红枣、莲子、山药等温性的食物，煮成粥喝，可以以内养外。

每天多吃些富含维生素C的蔬果，不仅能够抑制黑色素的形成，还有氧化还原的作用，让肌肤渐渐还原到浅色甚至无色。

茯苓杏仁奶茶，用茯苓配以杏仁而成。茯苓在魏晋时期就被当作滋养圣品，到了清朝，慈禧爱吃的茯苓饼，全是因为它的养生之效显著。

北宋的文学家苏辙，也就是苏轼的哥哥，在《服茯苓赋并引》一文中写道："服茯苓可以固形养气，延年而却老者。久服则能安魂魄而定心志，颜如处子，神止气定。"

若是实在没有时间为自己煮一碗养颜的汤粥，那么，有一味特别适合女人的药，就是加味逍遥丸。在逍遥丸的基础上加味牡丹皮、栀子等诸药，增加了通经、舒肝清热、健脾养血之功效。

祛斑还得给情绪排排毒，女人应开始学会适时地饶过自己，理性地面对现实，调节情绪，用宽容的心态去面对身边的人或事，让自己拥有一个健康的身心和愉快的情绪，这才是快乐生活的关键。

每个女人脸上的斑，都有一个故事

中医认为，黄褐斑的发生与肝肾阴虚、肝郁气滞、心脾失调等有关。

说到底，美丽的面子问题来自于体内出了问题。

因此，饮食中应选富含维生素、微量元素的食物以及疏肝、清肝、滋阴的中药一起煲滋补汤。滋补药膳是中国的传统中医药与饮食相结合而形成的独特美食，它寓医于食，因其膳中有药，药借食力，食助药威，既营养又滋补。

食谱

材料：茯苓粉 50 克，杏仁粉 30 克，牛奶 200 毫升。

调料：蜂蜜适量。

做法：

①茯苓粉、杏仁粉加清水调匀，煮开。

②将牛奶倒入煮好的茯苓茶中。

③调入蜂蜜即可。

❀**厨房小语**

　　茯苓粉、杏仁粉可在超市里磨五谷粉的地方买到。

美颜妙招 ♥红酒薏米粉面膜（祛斑抗老）

　　红酒原料葡萄籽的淡斑、抗衰老能力是维生素 E 的 50 倍、维生素 C 的 25 倍，红酒面膜中低浓度的果酸也有抗皱、淡化色素的作用。注意防晒是不分季节的，适当地使用一些防晒护肤品，避免阳光的直接照射，这些都是防斑的首选。

　　材料：红酒、薏米粉 10 克，珍珠粉 5 克，面粉 10 克，蜂蜜 1 匙。

　　做法：将薏米粉、珍珠粉、面粉、蜂蜜倒入容器中，用红酒均匀地调制成糊状。将薄薄一层面膜直接涂于脸部，20 分钟后用清水洗净即可。

青衣素颜，隐于厨的美颜之道

143

Part 2

女人，你还可以更美

第5章

它们

是女人一生的恩物

世间其实不缺美容的食物，

生活中有很多东西是女人一生都离不了的

恩物，比如带有黏液的食物，

银耳、猪蹄、燕窝、花胶、阿胶等。

这些胶质的食物，

富含胶原蛋白，都是养颜的佳品。

女性滋补品效果独特，

这是人人皆知的常识，

许多女性朋友喜欢用它们来养血补血、

调养身体。但值得注意的是，

并不是所有的女性都适合吃滋补品，

要有选择地吃，

要分体质和季节来服用。

阿胶，粉腮似羞杏花春雨——阿胶红枣羹

材料

《全唐诗》记载：「铅华洗尽依丰盈，雨落荷叶珠难停。暗服阿胶不肯道，却说生来为君容。」元曲四大家之一的白朴，在他的《梧桐雨》中写道：「阿胶一碗，芝麻一盏，白米红馅蜜饯，粉腮似羞，杏花春雨带笑看，润了青春，保了天年，有了本钱。」

这都是传说中杨贵妃皮肤细腻如脂的真正秘诀。可见，自古以来阿胶就是私藏的美容圣品。

《曾国藩家书》里写道，曾国藩常年在外为官，为了给母亲尽孝，常常买些阿胶寄回家中给母亲服用。

阿胶是女性滋补品，这是人人皆知的常识，药效独特，许多女性朋友喜欢用阿胶来养血补血、调养身体。但值得注意的是，并不是所有的女性都适合吃阿胶，即使适合吃阿胶，也要分季节来服用。

我曾经有过一段时间常常失眠，睡着了也是不停地做梦，到了冬天手脚冰凉，还特别怕冷。朋友给我介绍了一种某专家推荐的阿胶固元膏，据说就是当年杨贵妃常吃的，现在都兴吃这个，效果非常好。她说的阿胶固元膏，我在超市里也见过，一时兴起就买了些材料做来吃。没吃几天，我发现有问题了，嗓子、鼻子发干，鼻涕里带有血丝，原来的便秘一夜之间加重了，犹如雪上加霜。

咨询医生后，医生说像阿胶一类的腻性滋补品，有些人是不适宜在春天服用的。刚开春还可吃点，过了阴历二月，就不要再吃了，因为春季进补的原则是以平补为主，应当吃些比较清淡的食物。因此，阿胶虽是好东西，可是要因时制宜、因人制宜地食用。

老祖宗认为，阿胶性味甘、平，滋阴补血，能改善血钙平衡，促进红细胞的生成。阿胶红枣羹是一味美食兼补的药膳，有滋阴补血之功效，可养血润肤、容颜悦色。寒性体质的女生，多是怕冷的人，可以加一点桂圆，多吃补气温阳的食物。肾虚不是男人的专利，女人同样也会肾虚，年纪轻轻便总是腰痛绵绵、腿酸脚软、烦躁焦虑，总难掩一丝憔悴，那么就再配上一点枸杞。

因阿胶滋腻，中医学认为脾胃虚弱、食欲不振者不宜服用，有痰湿及呕吐、泄泻者慎用。服阿胶期间，饮食不要太油腻，可以吃一些开胃的食品，如酸的小菜，或者用陈皮、乌梅、山楂泡杯去油腻的花草茶。

食谱

材料：东阿阿胶125克，黄酒300毫升，核桃仁75克，黑芝麻粉75克，红枣100克。

调料：冰糖50克。

做法：

1. 东阿阿胶包好，用榔头敲碎。

2. 加入黄酒盖好，泡2～3天。

3. 泡至化开。

4. 红枣洗净，用剪刀去核。

5. 红枣肉切碎。

6. 核桃仁放入料理机中，打碎。

7. 泡好的阿胶倒入炖盅里。

8. 放入红枣、核桃粉、黑芝麻粉、冰糖拌匀。

9. 放入蒸锅中，大火蒸5分钟后转小火蒸1小时，取出放凉加盖，放入冰箱冷藏。

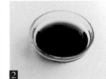

❀ 厨房小语

每天早晚各吃一小勺即可。

美颜妙招 ♥ 休闲瘦身黑玫瑰茶

美丽的花草茶传递着闲适与浪漫的优雅情怀。除此之外，花草茶还有着对身体的保健调养功效，减肥就是其中之一。一边悠闲地喝茶，一边轻松地减肥，饮茶就不再是一件纯粹休闲的事情了。

材料：安化黑茶、玫瑰花各3克，蜂蜜1大匙。

做法：安化黑茶、玫瑰花用500毫升沸水冲泡，加盖闷约5分钟，然后滤入杯中，放入蜂蜜调匀即可。蜂蜜可依据自己的口味来放，也可不放。

花胶，补而不燥之佳品——花胶水鸭盅

材料

很喜欢听水木年华的这首《蝴蝶花》，尤其是喜欢最后那句歌词："别哭着别哭着对我说，没有不老的红颜……" 每每听到它，让人觉得充满了荡气回肠的真情。

生活中其实不缺美容的食物，许多带有黏液的胶质食物，如银耳、猪蹄、燕窝、花胶、阿胶等，富含胶原蛋白，都是养颜的佳品。

花胶，就是大型鱼的鱼肚的干制品，因富含胶质，故名。自古以来就有剖鱼摘鱼肚食用的记载，可追溯至汉朝之前。北魏时期贾思勰所著的《齐民要术》中，就记载有现今所食用的鱼肚了。

《本草纲目》中记载，花胶能补肾益精，滋养筋脉，能治疗肾虚滑精及产后风痉。花胶也是筵席名菜，与燕窝、鱼翅齐名，是八珍之一，素有海洋人参之誉。

人体蛋白质中有 1/3 是胶原蛋白，女性在 20 岁时胶原蛋白已经开始流失，25 岁则进入流失的高峰期，而到了 40 岁时，体内胶原蛋白的含量不到 18 岁时的一半。女人脸上枝枝杈杈、沟沟坎坎的皱纹，就是胶原蛋白流失造成的。花胶含丰富的高级胶原蛋白质，它可以补充皮肤各层所需的营养，可温和滋润肌肤，使肌肤柔嫩，延缓衰老。

挑选花胶时，首先要有厚度，呈半透明状，上面有花纹，闻之无异味，无花心。所谓花心，即鱼肚表面干而中间未干。

花胶犹如陈年老酒，愈久愈香，花胶的颜色愈深，品质愈好。而刚买回来的花胶，最好是先晒一晒再吃，味道会更浓。

花胶历来被视为养颜之珍贵佳品，可以滋阴养颜，补气健肾，身体虚弱的女生最适宜经常食用，且是补而不燥。

食谱

材料: 花胶 50 克,水鸭 300 克,泡发香菇 3 个。

调料: 生姜 3 片,葱 1 段,盐适量,黄酒 30 克。

做法:

1. 花胶浸泡 12 小时。

2. 将泡软的花胶剪段。

3. 锅中加清水,放入花胶、生姜、黄酒烧开后,再将花胶放进沸水里,煮约 5 分钟即可除去腥味。

4. 鸭肉斩块。

5. 鸭肉冷水下锅,焯水。

6. 焯过的鸭肉放入炖盅内。

7. 放入花胶。

8. 放入泡发香菇、葱、姜,倒入适量清水。

9. 炖盅加盖,放入蒸锅中,小火隔水炖 3 小时,调入盐即可。

> ❀ **厨 房 小 语**
>
> 　　好的花胶腥味小。若是花胶腥味重,放入沸水里可多煮几分钟,但是不宜久煮,以免丢失胶原蛋白。

美颜妙招 ♥ **悬灸养颜**

　　女人与艾草,天生是一对。据医书记载,端午节又名"女人节"。端午时节,女性都要去采摘艾草并用煮艾草的汤泡澡,既可延年益寿,又可美容养颜。

　　女性多有寒症以及气血不足、经络不畅等症状。常见的保健大穴有神阙、关元、气海、中脘、足三里、三阴交。常灸这些穴位可以让女人祛寒祛湿、打通经络、调和气血,迅速补充女性体内的气和血,从而气血通达,身体舒畅,有着由内而外健康美丽的效果。

桃胶，抗皱嫩肤的美容御品——桃胶木瓜盏

桃胶，有凝固的美意，让我忆起了儿时。

材料

在老家的房前，有一棵桃树，桃树上便有这琥珀色半透明的桃胶，让人欢喜。当时只觉得它是很可爱的小东西，采摘下来就成了我儿时的玩物，哪知多年后，桃胶居然成了天然养颜佳品。

桃胶，它还有一个让人心生爱怜的名字：桃花泪。

我喜欢叫它泪珠儿，只因它闪动着灵润的光泽，凝固在刹那间。

桃胶是桃树上自然分泌出来的桃树油。桃茂盛时，用刀割破树皮，久了就会溢出浅黄色的黏稠液体，形成颜色浅黄、透明的固体天然树脂，采收加工后可食用。

我们见到的桃胶都是干制品，在南方城市中很容易买到，而在北方，一般在大中城市才可见到，还得是大型干货批发市场，不过淘宝上有很多商家在卖，很方便买到。

桃胶的吃法是，一般情况下取 10～15 克桃胶，需要用清水浸泡 12 小时，桃胶被浸泡后，可以涨发到原来的 10 倍左右。食用方法很多，可以炒、炖、凉拌，可荤可素，而用桃胶与银耳、木瓜、雪梨等搭配，做成美容养颜的甜品口感极佳。

桃胶与木瓜的搭配是最经典的吃法。木瓜是大家熟悉的水果，它含有天然的抗氧化剂，素有"百益果王"之称。不但味道香甜软糯，还是润肤、美颜、丰胸的美容圣品。

木瓜茶在中国台湾很流行。做法是将木瓜一端切平当座，另一端切去 1/3，掏去内部的籽，放入茶叶，再把切去的 1/3 盖上，泡几分钟之后，就可饮一杯具有木瓜清香的茶水了。

桃胶是一种我国自古就有的滋补食物，外观漂亮，本身无味，炖好的桃胶口感似果冻般爽滑，回味时有一种淡淡清香。

桃胶是否像被凝固住的时间呢？一点一滴，都在刹那间定格了。女生们不妨喝一杯桃胶木瓜盏，也好让自己的容颜在这一刻凝固，不再与时间一同老去。

食 谱

材料：木瓜半个，桃胶 10 克，干银耳 10 克。

调料：蜂蜜适量。

做法：

1 桃胶浸泡 12 小时。

2 银耳泡开。

3 泡好的桃胶、银耳择洗干净。

4 锅中加适量清水，放入银耳、桃胶煮至软烂。

5 木瓜去籽，将煮好的银耳、桃胶盛入木瓜中。

6 调入适量蜂蜜即可。

美颜妙招 ♥ 拍 "金三角"

女人进入更年期后，月经失去了规律，虽然还没有绝经，但内分泌开始紊乱，对于容颜更何谈不衰。

如果你也有类似月经不调的烦恼，不妨每天多拍拍自己的 "金三角"。女性常拍私处 "金三角" 可延缓衰老，不管哪个年龄段的女性，保持正常的月经到潮都是身体健康的必要。

所谓 "金三角"，就是小腹部和腹股沟内侧。每天拿出大约 20 分钟的时间，拍打腹股沟（大腿根部两侧）和小腹部（靠近子宫、附件部位），可达到延缓更年期、延缓衰老的效果。

桂圆，女人的滋补神丹——玉灵膏

龙眼有桂圆、益智、骊珠等别称，因其种子圆润光泽，种脐突起呈白色，看似传说中龙的眼睛，所以得名。鲜龙眼烘成干果后即成为桂圆。

材料

明代李时珍曾说过："食品以荔枝为贵，而资益则龙眼为良。"因此，"娇珍可爱，味甜如蜜"的桂圆得以与荔枝齐名。

洪昭光教授多次在养生书籍中推荐桂圆。他说，桂圆是健脾长智的传统食物，含丰富的维生素 A 和 B 族维生素等营养素，有补血安神、健脑益智、补养心脾的功效，对于劳心费神的人很有好处。

《红楼梦》中，贾府用于养心安神的食物就是桂圆，书中两处描写了宝玉喝桂圆汤。一处是宝玉梦到了在太虚幻境坠入迷津，待觉醒后，众人忙端上桂圆汤来，呷了两口。另一处是宝玉失玉后昏死过去，苏醒后王夫人叫人端了桂圆汤，叫他喝了几口，渐渐地定了神。从宝玉喝桂圆汤醒神定志不难看出，曹雪芹深知桂圆宁心安神的功效。

女生们可用几粒红枣和桂圆，加入姜片或枸杞，但都不宜过多，每天上班后给自己泡一杯，有养胃、补血、养气的功效。

需注意桂圆是温补水果，多食容易"引火上身"，造成脸上长痘痘，而且还会影响到月经，每天吃 5 颗就足够了。

玉灵膏出自清代王士雄的《随息居饮食谱》：玉灵膏，一名代参膏。自剥好龙眼肉盛竹筒内或瓷碗内，每肉一两，入白洋糖一钱（后人改为1:1），再放入西洋参如糖之数（后人有不放者）……碗口罩以丝绵一层，日日于饭锅上蒸之……

玉灵膏可代人参滋补身体。唐朝大诗人刘禹锡赞它为"上品功能甘露味，还知一勺可延龄"。如今，做玉灵膏不需日日于饭锅上蒸，蒸 1 小时左右即可。

桂圆可以久放，皮不变色，果不变味，果肉依然紧实多汁，甘甜细腻之外，别有一种柔韧的口感，味道是那么纯粹的甜香，总有一种仿若山野青草的风露之气。

食谱

材料：桂圆肉 100 克，西洋参 10 克。

调料：白糖 10 克。

做法：

① 桂圆肉洗净，浸泡 20 分钟。

② 将桂圆肉放入料理机中打成泥。

③ 桂圆泥倒入碗中，加入西洋参粉、白糖。

④ 放入蒸锅中，大火烧开，转小火蒸 2 小时左右即可。

❀ **厨 房 小 语**

　　西洋参粉在药店里可以买到，也可自己用西洋参片打成粉。

美颜妙招 ♥ 自制橙花嫩肤水

　　材料：橙花精油 2 滴，玫瑰果油 5 毫升，纯净水 100 毫升，苹果醋 100 毫升。

　　做法：

　　1. 将纯净水和苹果醋放入玻璃器皿或碗中。

　　2. 将橙花精油、玫瑰果油滴入器皿中，用搅拌棒或筷子轻轻划动，使精油与其他液体均匀混合，放置于冰箱内冷藏，再装入喷水器皿中即可。

　　使用方法：将脸部洗净后擦干，将嫩肤水喷洒在脸部。可软化肌肤角质细胞，充分滋润肌肤，使肌肤常保水嫩，干性肌肤适用。

当归，补血活血双向调补——当归春笋乌鸡汤

材料

当归，读来很家常，它带着温润，却也带着凉意。我尤其喜欢"当归"二字。其来历虽传说众多，可是总离不开闺怨、等待、思念。

李时珍在《本草纲目》中说道："古人娶妻为嗣续也，当归调血为女人要药，为思夫之意，故有当归之名。"

当归是人们最为熟知的中药之一，妇科处方里"十方九归"，素有妇科"圣药"和"血家百病此药通"之说，这个名号有点吓人。当归补中有动，行中有补，有补血、活血双向调补的功效，并非言过其实。那么，当归如何补？中医认为，当归头止血，当归尾行血，所以，美容养颜当归尾是最佳之选。

月经前食用当归可止痛，月经后服用可补血。月经前，女性受到身体中荷尔蒙改变的影响，身体出现乏力、烦躁、忧郁等状况，此时以当归温补可以明显缓解痛经症状。

在月经干净后1～5日内，可以用当归煲一些滋补的汤，如当归乌骨鸡汤、当归红枣汤等，以滋阴养气血，补充之前流失的气血。

当归若是磨成粉食用，可以有事半功倍的功效。当归的水溶液抑制身体内酪氨酸酶的活性最高，直接食用后是吸收当归营养最全面、最好的方法。短期服用当归粉调理一下身体倒也无妨，长期服用的后果，想必不用我多嘴了，当归毕竟是一味中药。

当归内服可活血、补血、调经，外敷可用当归粉加蜂蜜、当归粉加茯苓粉、当归粉加白芷粉、当归粉加杏仁粉等做面膜，有活血淡斑、美白、抗衰老的功效。含有药性的东西直接敷在脸上要谨慎，建议用面膜纸，以减少对皮肤的刺激。当归也可祛斑，用当归煮水，每天涂在斑上，两周之后便有不俗的效果。

寒冬之时，若是手脚冰凉、皮肤干燥，可以用当归加赤芍、红花、桂枝、银花、川断等药材，放入锅中，煎煮好药液，再加热水，每天泡脚30分钟，以温经散寒、活血化瘀。

民间也多当归的药膳方，当归乌鸡汤就是其中之一。这道当归春笋乌鸡汤，加了春笋，增添了一丝清新之气，改变了原有当归乌鸡汤药香浓郁的口感。

食谱

材料：乌骨鸡半只，春笋100克，当归5克，黄芪5克，红枣8颗。

调料：葱1段，姜3片，盐4克，花椒3克。

做法：

1 当归、黄芪洗净放入茶包中，红枣泡开。

2 春笋切片。

3 乌骨鸡清洗干净，斩块，冷水下锅，放入几粒花椒，焯水。

4 将焯过的乌骨鸡放入砂锅中，放入葱、姜。

5 再放入红枣和茶包，大火煮开，转小火煲1小时左右。

6 然后再放入春笋，调味后再煲15分钟。

美颜妙招 ♥ **葛粉面膜**

　　材料：葛粉30克，牛奶、蜂蜜各适量。

　　做法：葛粉置于美容碗中，加牛奶、蜂蜜调成糊状，清洁面部后敷于面部，20分钟后清洗干净即可。可以让肤色变得纯净透明、白皙。

银耳，穷人家的燕窝——酒酿银耳炖蛋

银耳，餐桌上的素淡美味。民间素有"银耳是穷人家的燕窝"的说法；银耳的价格虽不能与燕窝比，但滋养功效并不会比燕窝差太多。

材料

小时候，常听母亲说，银耳是穷人家的燕窝。那时，母亲常会煮银耳汤来喝，特别是夏天，煮一些银耳冰糖水，放凉了，给我们当饮料喝。

宋朝初年之后，银耳即被视为菌中山珍，宋代的北方人称银耳为"桑鹅"。因它既是营养滋补佳品，且十分稀少，历代皇家贵族都将它看作延年益寿之品、长生不老良药。

明代的《本草纲目》对银耳的药用功效有过记载。银耳富含丰富的胶质，而且是植物性的胶原，所以它是润肌肤、益脾胃的最佳食物。

有人说："燕窝太华丽，雪蛤太补，还是银耳最厚道。"

燕窝对于女性而言确实能够滋阴养肺、保养肌肤，但是大众的心理总是物以稀为贵，所以燕窝才受到如此追捧。

能够滋阴养肺、保养肌肤的又何止燕窝一种，银耳的颜色、口感、功效都和燕窝相似。燕窝虽补，但价格昂贵。并且燕窝太补、易上火，银耳则有凉补的特点，滋润而不腻滞，并有祛除脸部黄褐斑、雀斑的功效，可以长期食用。

银耳对阴虚火旺不受燕窝温补的病人来说是一种上好的补品。银耳能清肺热，故外感风寒者忌用。

银耳的吃法有很多，可素、可荤、可炒、可煮，最常用的还是和莲子、百合、雪梨或枸杞、红枣、杏仁等一起煲汤煮羹来吃。不过，银耳吃多了会让身体湿气加重，不用每天刻意吃，搭配些祛湿的食材，如薏米、红豆、冬瓜等，经常性地不间断吃就可以了。

做一碗美颜汤粥，无需那些又贵又费的食材。我选择的不是那些价格高或是跑遍各个商场都买不全的东西，而是一些最简便，也最平民的食物，如红枣、百合、红豆、银耳，不用过多考虑食材之间是不是搭配，简单易做，美味好喝。

材料：干银耳 10 克，熟鹌鹑蛋 8 个，木瓜 100 克，甜酒酿 100 克。

调料：冰糖适量。

做法：

① 银耳泡开，去蒂。

② 熟鹌鹑蛋剥去皮。

③ 将银耳放入锅中，加适量清水。

④ 银耳煮至软烂，倒入甜酒酿煮开。

⑤ 再放入鹌鹑蛋煮开。

⑥ 放入冰糖煮化。

⑦ 盛入碗中，放入木瓜即可。

> **❀ 厨房小语**
>
> 甜酒酿已有甜味，冰糖可酌量而放。

美颜妙招 ♥ 银耳爽肤水

　　银耳爽肤水，保湿更胜玻尿酸。添加银耳更能滋润肌肤，给肌肤补充更多的养分，防止肌肤老化，适用于干性肌肤。

　　材料：干银耳 25 克，柚子 1 片，甜杏仁油 5 毫升，苹果醋 100 毫升，纯净水适量。

　　做法：

　　1. 柚子放入榨汁机内，榨汁备用。

　　2. 将银耳洗净，放入水中浸泡 2 小时后，放入锅中，加水，用小火慢慢熬，直至熬成浓汁。

　　3. 待银耳汁冷却后，与柚子汁、苹果醋、甜杏仁油充分混合放入玻璃器皿或碗中，装入瓶中，放置于冰箱内冷藏即可。

　　使用方法：将脸部洗净，用手指或爽肤棉蘸取爽肤水轻轻拍打在脸部即可。

红枣，女人一生的知己——红枣蛋饼卷

材料

记得鲁迅的散文里写过一句话："我家院子里有两棵枣树，一棵是枣树，另一棵还是枣树。"我看过甚不理解。后来看过鲁迅写故乡的文章才了解，唯其表达，才能充分地体现那种对往昔的追忆。

红枣是补血最常用的食物，民间历来认为红枣是一种营养佳品，古语有"一日食仁枣，百岁不显老；要使皮肤好，粥里加红枣"的说法。红枣被誉为"百果之王"。

记得小时候，母亲经常在熬汤或煮粥时放上几颗红枣，说很提味。那时家里没有暖气，生了个大铁炉子，母亲会在炉盖上放一层红枣，烤干后，用来泡水喝。经过炙烤的红枣，用开水一泡，表皮就裂开了，里面的营养成分慢慢地渗出来。弥漫在整个屋子里的浓浓枣香更让我沉醉。

有一段时间，我的失眠很严重，试过各种方法，都没起到有效的作用。一位老中医给我的治疗方子是用大枣、桂圆、甘草加水煎汁服用，临睡前喝汤，吃枣和桂圆，有健脾养血、益心安神的功效。

如今都市里的女性，生活压力大，工作繁忙，不少人没有美容保健的时间和金钱。养成经常吃红枣的习惯，泡杯茶，当零食，每天几颗红枣，就是一个两全其美的美容方法。

红枣是补血的果中佳品，这红枣好吃，还需吃得好。说到用红枣泡茶，红枣一定要在铁锅中炒硬、炒黑，这是母亲告诉我的。

后来才知道，没有炒的红枣泡茶喝是没有用的，因为外皮包裹住了枣子，营养成分出不来。而经过炒制的红枣，用开水一泡，表皮都裂开了，里面的营养成分才会慢慢地渗出来。

随着祖父、祖母的去世，父母搬离了那个庭院，回想起来飘香的红枣味，多少有一点惆怅。

材料： 红枣9颗，甜杏仁30克，核桃仁30克，鸡蛋2个，面粉20克，豆沙30克。

调料： 白糖适量。

做法：

1 红枣泡开30分钟。

2 红枣去核，切碎。

3 甜杏仁、核桃仁放入锅中炒香。

4 将炒过的甜杏仁、核桃仁切碎。

5 将红枣、甜杏仁、核桃仁放入大碗中，再放入豆沙。

6 鸡蛋打入碗中，加面粉、白糖和少许清水。

7 打成鸡蛋糊。

8 将蛋液倒入锅中，煎成蛋饼。

9 将红枣、甜杏仁、核桃仁、豆沙搓成条状，再将红枣条放入蛋饼中。

10 卷成卷，切段即可。

美颜妙招 ♥ **休闲瘦身熟普奶茶**

　　材料： 熟普洱茶5克，牛奶300克，炼乳适量。

　　做法： 熟普洱茶放入水中，水沸后小火熬制5分钟左右，滤去茶渣，然后在茶汤中依据个人口味加入牛奶、炼乳，一般按照1∶3的比例添加。茶入喉后，茶香、茶甘交相辉映，口中留有阵阵甘甜。

薏米，女人的贴心闺蜜——薏米咖啡奶茶

薏米，又名薏苡仁、薏仁，古称「薏苡」。它对于女生们来说，最熟悉不过了，特别是爱美又爱做面膜的女生，更是精通得很。

材料

薏米既是粮食又是药材，被称为"粮药"。薏米是粮食，是粗粮中营养成分最为丰富、平衡的食品之一，农学家把它划入特优谷物一类。其味道和大米相似，且易于消化吸收，煮粥、做汤均可。

薏米被称为祛湿抗癌的"天下第一米"。我国医书古籍《本草纲目》中有记载，谓薏米健脾益胃，补肺清热，祛风胜湿，养颜驻容，轻身延年。

薏米还是极佳的美容食材，具有治疣平痘、淡斑美白、润肤除皱等美容养颜功效，尤其是所含的蛋白质分解酶能使皮肤角质软化，其所含维生素 E 有抗氧化作用。

历史记载能掌中起舞的赵飞燕，为使肤色白皙娇嫩，她的保养秘方就是"香肌丸"，薏米是主要原料之一。但这个香肌丸不是吃的，是把它放入肚脐内，让身体慢慢吸收，不但皮肤变白，而且也能瘦腰，一举两得。

民间滋补食疗四神汤就由薏米、莲子、芡实和茯苓这四位"神仙"组成，它们加盟在一起制成的汤水，具有养颜、清火、利水等诸多益处，"四神"之名当之无愧。

薏米粉在中国台湾被很多女艺人追捧，因此薏米粉也叫"艺人粉"。每天放入饮用水里冲泡当茶喝，闲来就做个薏米面膜。

我经常喝的薏米红豆汤是民间用来清除体内湿气最好的偏方。薏米、红豆一起煮汤喝，能清除体内湿气，有良好的减肥功效，又不伤身体。体质偏寒或经常失眠的女生，可以加一点温阳的食物，例如桂圆、大枣、莲子、百合等。

将薏米和红豆浸泡 2 小时，放入锅中煮开，然后关火，30 分钟后再开火煮熟。因为薏米、红豆不易煮熟，这样做既容易熟又省火。

若薏米、红豆怎么熬都不黏稠，可以先将煮好的汤倒入一个大的咖啡壶中，当茶水喝，剩余的薏米、红豆再放入豆浆机中打成糊，或者放入小米煮成薏米红豆粥，口感就会变得黏稠，非常美味，一举两得。

食谱

材料：薏米 30 克，牛奶 100 克，速溶咖啡 2 袋。

调料：巧克力酱适量。

做法：

① 薏米清洗干净，用厨房纸吸干水分。

② 薏米放入锅中，炒至金黄色，取出放凉。

③ 将炒好的薏米放入料理机中，打成粉。

④ 薏米粉倒入小锅中，放入适量清水，煮开，倒入咖啡，再次煮开，关火。

⑤ 然后调入牛奶，倒入杯中，巧克力酱轻轻地淋在上面，用小勺搅拌均匀，就可以品尝了。

❁ 厨房小语

咖啡的深度可依自己的喜好搭配。

美颜妙招 ♥ 薏米白果面膜

面膜如果干得太快，可将整张纸膜浸泡在牛奶里，然后敷在脸上。干性皮肤可在里面加几滴橄榄油或蜂蜜。油性皮肤做面膜适合薏米粉加牛奶。加盐是为了减少肌肤的过敏反应。

材料：白果粉 10 克，薏米粉 10 克，食盐 2 克，牛奶适量。

做法：将白果粉、薏米粉、食盐充分混合，加入适量牛奶，调成糊状，敷于面部。10 ～ 20 分钟后，当面糊半干时，冲洗干净。

白茯苓，淡斑美白实力不俗——茯苓糕

你听说茯苓这个名字，多半源于吃过北京的小吃茯苓饼吧。

材料

以前有一句话：一入宫门深似海。进宫之后的物件，若再深得小主们的欢心，便是身价非凡了。茯苓饼是慈禧太后最爱吃的养颜润肤的食物之一，经她品鉴赏识的食物，亦芳名传世。据清代的《桓园录》记载，在太医的推荐下，为了养生和美容，慈禧太后经常命御膳房做茯苓饼来食用，还常在过节时赏赐群臣。

《红楼梦》第六十回中，就是因为一包茯苓霜，弄得整个大观园里沸反盈天。还有广东官员到京城荣国府想谒见贾政，所带的礼品竟然是三篓茯苓霜。从《红楼梦》里可以看到茯苓霜的来历和吃法："这地方千年松柏最多，所以单取了这茯苓的精液和了药，不知怎么弄出这怪俊的白霜儿来。说第一用人乳和着，每日早起吃一盅，最补人的；第二用牛奶子；万不得，滚白水也好。"

茯苓是一种很奇怪的植物，是寄生在松树根之间的一种真菌，古人便以为茯苓是松树精华所生化的神奇之物。唐朝诗人李商隐写过"碧松之下茯苓多"的诗句。

故事讲到这儿，该说说茯苓如何来美容养颜了。茯苓可以养颜，它的神奇功效在古代典籍中多有记载。

古籍中就有茯苓露的炮制方法，是将鲜茯苓取皮、磨浆，晒成白色的粉末，而且洁白如霜。明代李时珍在《本草纲目》中记载了一个养颜秘方：用酒渍茯苓，日食一块，至百日，肌体润泽，延年耐老，面若童颜。《本草品汇精要》上记载："白茯苓为末，合蜜和，敷面上疗面疮及产妇黑疱如雀卵。"可见自古茯苓就是祛除皮肤黑斑和暗沉的圣品。

白茯苓粉用白醋调和成糊状，清洁面部后，均匀地涂抹在脸上，有斑的地方可以涂抹得厚些，外面也可以敷一层湿润的纸膜，敷20分钟左右，一周做3次，美白淡斑祛痘印的效果很明显。

此外，做面膜最好用细细的茯苓粉，加牛奶、黄瓜汁、蛋清等敷面，用白茯苓煎水洗脸也能达到祛斑效果。茯苓粉很好买，在超市里磨五谷粉的地方就可买到。

女人，你还可以更美

食谱

材料：面粉300克，茯苓粉30克，干桂花3克，牛奶300克。

调料：酵母粉3克，白糖30克。

做法：

① 干桂花加温水泡开。

② 将茯苓粉、面粉、酵母粉、白糖混合。

③ 再加入桂花和牛奶。

④ 调成比较稠的面糊。

⑤ 模具中底部及四周抹油，倒入面糊。

⑥ 将面糊放于温暖处发酵至2倍大。

⑦ 放入蒸锅中，水开后蒸25分钟即可。

> **❀ 厨房小语**
>
> 也可撒些干果在糕里面。

美颜妙招 ♥ 杏仁茯苓面膜

此面膜是清代太医院的处方，有美白防皱、延缓皮肤衰老的作用。

材料：杏仁粉15克，茯苓粉10克，面粉5克，牛奶适量。

做法：将杏仁粉、茯苓粉与面粉混合，加入牛奶调至糊状，清洁面部后，敷于面部20分钟，用清水将脸洗净。

莲子，莲实之味养心安神——相思莲子糊

材料

「涉江采芙蓉，兰泽多芳草」，莲从远古走来，叶与花应该就是这个模样吧。倘若倾耳细听，你想必还能听到湖面上、「兰泽」间传来的阵阵戏谑、欢笑之声。

莲花其实就是荷花，在开花前叫"荷"，开花结果后就叫"莲"。

僧问智门："莲花未出水时如何？"智门云："莲花。"僧云："出水后如何？"智门云："莲叶。"

一问一答，尽是生活的禅意。

明代高濂所著《遵生八笺》的"四时调摄笺"中写道："莲实之味，美在清晨，水气夜浮，斯时正足。若是日出露晞，鲜美已去过半……晓剖百房，饱啖足味。"

莲子是荷的果实，素有"莲参"之称。古人说，吃莲子能返老还童、长生不老。《本草纲目》中称"莲之味甘，气温而性涩，禀清芳之气，得稼穑之味，乃脾之果也"，可见莲子的养生功效。

莲子自古以来就被认为是上佳的滋补品，如宋代的玉井饭、元代的莲子粥、清代的莲子粥和现今的八宝莲子粥。现在，在传统的婚礼宴席上，仍然少不了的就是那道包含着莲子的甜点，寓意多子多福。

曹雪芹深知莲子的功效是宁心安神，他在《红楼梦》一书中多次着墨于莲子。《红楼梦》第十回中，讲到秦可卿思虑太过，导致经血不能按时而至，大夫给秦可卿开的方子中就用了"建莲子七粒去心，大枣二枚"。第五十二回中，写小丫头用小茶盘捧了一盖碗建莲红枣儿汤来，宝玉喝了两口。而在《红楼梦》中的宴席上，数次出现莲子的身影，如"干蒸莲子"、"莲子肉"，宴席的尾汤也非"莲子汤"莫属了。

莲子的食用方法很多，可用来配菜、煮羹、煲汤、做甜点。无论哪种莲馔，都是轻香淡远甜悠。

浮世烟火的日子里，岁月静好其实就是要热闹地过日子。拾起那最简单、最朴素的生活方式，无非就是一杯甘之如饴的莲子银耳羹而已。

食 谱

材料：莲子 40 克，红豆 15 克，糯米 10 克。

调料：冰糖适量。

做法：

1. 莲子、红豆、糯米分别浸泡 6 小时。

2. 将泡过的莲子、红豆、糯米放入豆浆机中。

3. 加入适量清水。

4. 按下米糊键，打成米羹。

5. 米羹盛入碗中，调入冰糖即可。

❀ 厨房小语

也可调入蜂蜜或白糖。

 美颜妙招 ♥ 揉三阴交穴

女人常揉三阴交穴，维持年轻、延缓衰老、推迟更年期，让女人魅力依旧。

中医认为，女人常揉三阴，终生都不变老。三阴交穴在小腿内侧，脚踝骨的最高点往上三寸处（自己的手横着放，约四根手指横着的宽度）。三阴交是脾、肝、肾三条经络相交汇的穴位。其中，脾化生气血、统摄血液，肝藏血，肾精生气血。每天晚上 5～7 点，肾经当令之时，用力按揉每条腿的三阴交穴各 15 分钟左右，促进任脉、督脉、冲脉的畅通，让气血畅通，就能保养子宫和卵巢。

第6章

为美人

而生的宝贝们

世间有很多植物是为女人而生的,

自古以来与女人有着密切的关系,

它们呵护着女人的身体,

让女人美得风姿绰约。

益母草、玫瑰、芍药等,

一听这些名字,

就知道它们是专为女人而生的,

带有一种母性,温馨、感人地生长在世间。

可以说,它们最朴实、亲民,

内服能补气养血、

改善血液流动性、

抗氧化、增强免疫细胞活力,

外敷能滋养女人膏脂般的肤质,

不愧为女科之花,

呵护着女人的一生。

玫瑰，温经活血的一朵精灵——玫瑰猪蹄

材料

撇开爱情不讲，就是因这玫瑰的花名，我喜欢着她。

常喜欢把那五六朵玫瑰花配入茶中，一个人静静地坐着，看着杯中鲜红的花蕾色泽渐变，有着大块的耽美。我喜欢这浓烈的色彩与香气，一点也不温润，奔放地开着，香着。

张爱玲的红玫瑰与白玫瑰之说，是对男人最写实的精辟描写，很是佩服她怎么可以将男人的心理描写得如此透彻。

《红楼梦》第三十四回中，宝玉被父亲暴打之后，老妈王夫人吩咐彩云拿来一瓶进贡皇宫的东西，叫做玫瑰清露。玻璃小瓶，有三寸大小，上面螺丝银盖，鹅黄笺上写着"玫瑰清露"。宝玉在食用了玫瑰清露之后，是"一日好似一日"。其根本原因，正是玫瑰花活血化瘀的功效。

自己可以用干玫瑰花瓣煮一点玫瑰花露，就是把干玫瑰花用清水冲一下，先放一半到锅中，加适量的清水，小火煮至水剩 1/3 后，加入另一半，再煮 5 分钟，关火捞出玫瑰花，调入适量蜂蜜后装入瓶中，放入冰箱冷藏，用来冲水喝。若是不放蜂蜜，可把玫瑰花水当作化妆水拍在脸上，或者随身携带，当保湿喷雾也可。

早在宋代，就有了用玫瑰花泡酒、做糕点、入菜肴的记载，做出了像玫瑰花粥、玫瑰肴肉、玫瑰露等养颜食品。除了食用之外，用玫瑰美容养颜，自历代皇家宫廷流传至今，玫瑰花瓣浴成了最古老的传说，玫瑰浴始于唐代美人杨贵妃。

玫瑰花虽然可以归类于活血理气的药，但它是作用最为轻微的一种活血药，所以玫瑰花是性情温良的。

肝郁导致黄褐斑可多食玫瑰花制成的药膳，《本草纲目拾遗》说："玫瑰露气香而味淡，能和血平肝，养胃宽胸散郁。"因此，玫瑰花的作用相当于小卒见奇功。

玫瑰花茶是最方便的一种食用方法，女生们可以随时享用它的美妙。那朵朵含苞欲放的干玫瑰花蕾，是定格在生命里最美的瞬间，将这样的浪漫融入茶中，是女人心思里的欲说还休。

喜欢喝玫瑰花茶的女人，是个爱情至上的女人。听完感到有一种亲切，在那样的一个午后。玫瑰花茶，她是女人的茶。

材料：猪蹄 1 只，熟鹌鹑蛋 15 个，玫瑰花 10 克。

调料：葱末 5 克，姜末 5 克，生抽 15 克，甜面酱 10 克，盐 2 克，糖 5 克。

做法：

1 猪蹄冷水下锅，焯水捞出。

2 锅中放入少许油，下葱末、姜末炒香，放入猪蹄。

3 调入生抽、甜面酱、糖、盐炒匀。

4 加入适量清水，放入鹌鹑蛋、玫瑰花。

5 大火烧开。

6 转小火烧至猪蹄软糯即可。

❀ **厨房小语**

　　买猪蹄时，可让超市的师傅把猪蹄斩成块。

美颜妙招 ♥ **玫瑰花蒸脸**

　　用玫瑰花蒸脸，干性皮肤的人蒸汽的温度不要过高，时间在 10～15 分钟。而油性皮肤的人，蒸汽的温度要略高，以脸部感觉发烫为限。蒸完以后，用毛巾轻轻按在脸上，吸干水珠。这时可用冷毛巾敷在脸上几次，使毛孔收缩，也可用收敛性化妆水调理皮肤。

　　蒸脸完毕后，涂些营养霜，皮肤会得到很好的滋养，如能顺着血液循环的方向做柔和的圈状按摩效果则更好。蒸脸时要注意温度及蒸汽量，以避免蒸汽烫伤眼睛、皮肤或呼吸道。每周 1 次即可，不可多做。

　　材料：干玫瑰花 10 朵。

　　做法：在水壶中放入干玫瑰花，加水烧开。用一块大毛巾将水壶口围住，成一个筒状，让蒸汽不断地喷到脸部。

芍药花，被誉为女科之花——芍药花豆浆

《诗经》中且，维士与女，伊其相谑，赠之以芍药』的诗句，写的是古代男女交往中，以芍药相赠，表达定情之约或惜别之情，故芍药又称『将离草』。

材料

《红楼梦》第六十二回中，湘云用鲛帕包了一包芍药花瓣为枕，香梦沉酣，四面芍药花飞了一身，是《红楼梦》中最美丽的情景之一。

芍药并不是因为它的花美，而是因为它的根好，它的根称为"芍药"，是著名的中药材，能够给女性带来美丽和健康。因此，芍药被称为女科之花。

《唐本草》中说它"益女子血"。中医认为它能够养血柔肝、缓中止痛，对月经不调、崩漏、带下有效果。有着一千多年历史的妇科名方四物汤中的一味药就是芍药。

曾经见过同事小润的妈妈喝过一种茶，是用枸杞、白芍、绿茶一起泡着喝的。我问她有什么特殊的作用，她告诉我，用白芍配枸杞，可以缓解女人的更年期症状，这个没有药材的毒性，随意搭配都可以。

芍药花与芍药根是有区别的，上面说的是芍药根的用法，那么芍药花呢？

芍药花大多是用来泡茶喝，在沸水的浸润下，香气和味道就能完全释放出来。一杯漂亮的芍药茶明亮澄黄，芍药花为花朵未开之时的花苞，会慢慢绽开，甘甜如饴。

芍药花适合单泡，或与绿茶、龙井、碧螺春等清香浅淡的茶来搭配。在古代的《粥谱》一书中，还记载有芍药粥的做法。用色白阴干的芍药花 6 克、粳米 50 克、白糖少许，以米煮粥，待米软烂，入芍药花再煮粥，加入白糖即可。

冬季寒冷之时，手脚冰冷畏寒的女生可以常喝碗芍药花粥。芍药花粥可以调节内分泌，改善血液循环，散郁祛瘀，养血滋阴，淡化面部黄褐斑，祛除痘痘，平滑肌肤，红润容颜。

芍药花与芍药根养血敛阴、补而不腻、柔肝缓中，古方以白芍根为汤药的方子数以百计，尤其在妇科方面是必备的良药。可以说芍药最朴实、亲民，不愧为女科之花，呵护着女人的一生。

材料：芍药花 10 朵，黄豆 50 克。

调料：冰糖 20 克。

做法：

1 黄豆用清水浸泡 6 小时。

2 芍药花去掉花蒂，只留花瓣。

3 芍药花瓣用温水浸泡 10 分钟。

4 豆浆机中倒入泡过的黄豆。

5 再放入花瓣。

6 加入适量的清水。

7 加盖，插入电源，按下豆浆键。

8 打好的豆浆过滤一下，调入冰糖即可。

> ❀ **厨 房 小 语**
>
> 芍药花也可搭配其他各种豆子制成豆浆。

美颜妙招 ♥ **白芍苹果面膜**

　　传统美容方剂三白汤由白芍、白术、白茯苓和甘草组成，它是传统的润肤美白的药物。白芍有清除自由基、抗氧化的作用，可以治疗面色萎黄、面部色斑。

　　材料：白芍药粉 10 克，苹果 1 个。

　　做法：苹果洗净，去皮去核，切成小块，放入榨汁机中，榨取苹果鲜汁。将白芍药粉、苹果汁一同倒在面膜碗中，调成糊状，温水清洁面部后，再以热毛巾敷脸 3～5 分钟，取适量面膜涂抹在面部及颈部，敷 15～20 分钟，待面膜干至八成时，洗净面部，一周 2～3 次即可。

桂花，浓郁迷人净化身心——桂花麦香奶茶

材料

空气中弥漫着桂花的香味，或浓或淡，那要看风的力气。谁说过，风动桂花香，然而，风动它香，风不动，它依然会香。

桂花飘香时，我会小心翼翼地带回一捧，夹在书本里边，翻书时那细细碎碎的干枯的小花朵，香气迎面袭来。

曾经对《红楼梦》中第三十八回所描写的一段感兴趣了很久。宝钗和湘云请贾府的女眷赏桂花吃螃蟹，凤姐命小丫头去取菊花叶儿桂花蕊熏的绿豆面子来，预备洗手。可见桂花自古已成为了一种纯天然的护肤佳品了。

桂花茶是后来在林清玄的《莲花香片》里看到的，他写喝桂花茶的方法是把桂花和蜂蜜搅拌在一起，再放入酸梅。林先生认为桂花冲水后冰镇是最可口的喝法。

禁不住诱惑，拿桂花来一试。桂花独有的香气迎面袭来，水面上浮着一朵又一朵有着暖暖金色的桂花。在沸水的浸润下，那些干枯的小花朵渐渐褪去颓败的颜色，变成温润的黄，在水面上轻轻回旋，带出一朵朵细小的漩涡。

春季里，可以喝一杯桂花乌龙茶，来提神醒脑防春困，还能润肺去燥，促进肠道秽浊物质的排泄，清除体内毒素。

夏日里，可以喝一杯陈皮桂花茶，解除口干舌燥，减轻过多食用冷食和冷饮给肠胃带来的不适，特别是能驱除夏季体内的湿气。

秋季里，可以喝一杯枸杞桂花茶。秋日的午后泡上一杯清澈微甜的枸杞桂花茶，那种温文尔雅的感觉，清爽而厚重，道是天凉好个秋。桂花与枸杞一起泡还能滋阴生津，温中补阳，舒畅精神。

冬日里，可以喝一杯奶香桂花红茶，是御寒养胃的上佳之选。桂花与红茶都是性温之物，这款茶较为平缓温和，不适于放凉饮用，因为这样会影响暖胃效果，还可能因为放置时间过长而降低营养含量。

不要抱怨生活节奏有多快，不要抱怨生活的不公平。能在这个秋日幽深的日子里，用一个下午的时间，煮一壶桂花茶，在桂花的香氛中，做一个带有花香的梦，何尝不是一件惬意的事情。

材料：桂花5克，大麦茶10克，牛奶200克。

调料：方糖适量。

做法：

1 将桂花、大麦茶放入茶壶中。

2 冲入沸水。

3 冲泡5分钟后，倒出茶汁。

4 在茶汁中加入方糖。

5 调入牛奶即可饮用。

❀ **厨房小语**

桂花、大麦茶可多次冲调饮用。

美颜妙招 ♥ **居家美肤SPA**

一提起SPA，你想到什么？是怡然的生活状态。SPA香氛放松身心，是如此令人神往。其实，用SPA美丽身形，未必要去美容院，在家也可以简简单单做个香女人。

静静的夜晚，将一天的纷纷扰扰关在门外。做个清洁，除去尘埃，柔柔地让全身的每个毛孔都舒展，敷上清爽滋润的面膜，在卧室里点燃精巧的香熏台，让空气里弥漫芳香因子。记得要把门窗关好哦。

精油窈窕浴：在浴缸内倒入40摄氏度左右的洗澡水，滴入迷迭香精油2滴、柠檬精油3滴、橙花精油2滴，边泡澡边用力吸精油的香味，可以舒缓心情，轻松愉快。

百合，女人的天然养颜圣品——百合醉梨

材料

我非常喜欢百合，情有独钟于它的淡雅。那样淡淡的花香，如醉人的女人香，它的风姿犹如美人隔云端，不问世间的红尘往事。

《圣经》里记载的有关百合的由来极为凄凉。传说夏娃和亚当受到蛇的诱惑吃下禁果，被逐出伊甸园，夏娃悔恨之余流下悲伤的泪珠，泪水落地后即化成洁白芬芳的百合花。

百合因其"数十片相累，状如白莲花，百片合成"而得名。"更气两从香百合，老翁七十尚童心"，这是描述百合对人的保健作用。百合在《神农本草经》中第一次出现，记载其具有养阴清热、滋补精血的功效。

百合花的球根富含黏液及维生素，有益于肌肤细胞的新陈代谢。中医认为百合性微寒平，具有润肺止咳、清火、宁心安神的功效，是一种药食兼用的清补之品。

百合有鲜品和干品之分，鲜百合多用来烹菜，干百合则常用来煲汤。鲜百合可烹饪成各种食馔，其色洁白，状若莲瓣，清香淡远，如西芹炒百合、百合炒肉片、蜜汁百合、山药炒百合、百合鸡汤、百合煨肉等。将之入菜，不但芳泽养眼、芳香隽永，又可美白补水。

百合花同样是入肺经的，无论是干品还是鲜品，都是美容养颜的上好佳品。百合花用来喝茶，是简单方便的方法，而且有极好的美容效果。若是嫌百合花单泡有点单调，可以搭配其他花草饮用。

百合花搭配金银花，茶泡好后色泽浅黄，味甘微苦，可以清热润肺、养颜抗衰。

百合花搭配菊花、绿茶，可以清肝明目、安心去火、清凉润燥，是夏日里最好的解暑饮品。

百合花搭配枸杞、蜂蜜，有些女生精气神不足，经常处于萎靡状态，不妨喝一杯百合枸杞茶，以补中益气。

百合花搭配桂圆，清香回甘、微苦，对于失眠多梦、记忆力减退、心神不安的女生，可以清心除烦、宁心安神。

百合花茶不仅能喝，还可当作柔肤水使用。就是用百合花煮水，清洗面部之后，用百合花水轻轻地拍在脸上、颈部，有美白、润肤的功效。

一盏微黄的灯，一杯清澈的水，杯中几朵绽放的百合花，是你在别处得不到的惬意。

> ❀**厨 房 小 语**
>
> 　　1.梨洗净后削皮，可根据梨的大小用小刀划几道花纹，也可用去核器将梨核去除或切片，更易入味。
>
> 　　2.百合不宜久煮，变透明即可。

食谱

材料：红酒 500 克，梨 1 个，百合 50 克。

调料：冰糖 30 克。

做法：

1. 百合洗净，掰成瓣；梨去皮，在表面划出花刀，或切成片。

2. 将红酒倒入锅中，将整个梨或梨片放入红酒中。

3. 加入冰糖，大火烧开，转小火煮 10 分钟，中间翻面几次，煮到颜色均匀。

4. 放入百合，煮至百合透明，再煮 1 分钟即可。

美颜妙招 ❤ **百合美白面膜**

　　百合粉也可直接冲泡饮用。用 10 克的百合粉加白糖适量，用牛奶调匀即可饮用。

　　材料：百合粉 10 克，牛奶、蜂蜜各适量。

　　做法：百合粉加适量蜂蜜、牛奶调和成糊状，清洁脸部皮肤，用热毛巾敷脸 3 分钟后，涂于脸部，保持 20 分钟后用清水洗净，可使肌肤白嫩光滑。

女人，你还可以更美

山茶花，美容养颜的黄金美食——山茶糯米藕

山茶花始放于初冬，要等到许多花全开尽了，它才迟迟而来。

材料

落花时节又逢君。

当人间四月芳菲天时，山茶花已到了暮期，花瓣一片片地慢慢凋谢，直到生命结束。

最看不得、最心疼的一种落花方式，就是山茶花的凋落。

山茶花的凋落，不像牡丹，不像菊，不像梅，不像水仙那样是整个花朵掉落下来，而是花瓣一片片地慢慢落，独自黯然地凋落，哪怕只剩下最后一片花瓣，它也保持着山茶花的气度。

小心翼翼地凋落，生怕惊动了谁似的。其实它也知道，开过这一场，至少曾经繁华过，死，也就死了。

明代归有光的《山茶》诗写道："虽是富贵姿，而非妖冶容。岁寒无后凋，亦自当春风。"

山茶花以云南山茶最为著名。山茶花除栽培观赏外，花朵、根茎都可做药用，有收敛止血之功效。《神农本草经》就有对山茶花的记载，说其气味甘平、无毒。山茶花也是高级制茶原料，且色香味俱佳，是茶中珍品，甚受人们青睐。

曾看到有文章记载，清代的慈禧太后就是用山茶花与黄酒混合后沐浴的。

山茶花茶有较好的祛斑效果，一般喝一个月后，就会发现脸上的斑点变淡了，三个月会让雀斑慢慢消失。

山茶花还有散淤消肿、降脂的功效，可以促进人体细胞的新陈代谢，并能全面调节内分泌，其减肥效果比较明显。

山茶花可以做出多种养颜菜品，如山茶花粥、山茶花茶、山茶丝瓜汤、山茶花冰饮等。

糯米藕是江南传统菜式中一道独具特色的中式甜品，大多是配桂花来吃。这款山茶糯米藕，用到了红糖、红枣、山茶花，而红糖、红枣、莲藕都是补血益气的佳品，再加以山茶花来煮，都是可滋补入药的黄金食物，便也成了一道美容养颜的黄金美食。

女人，你还可以更美

191

材料：山茶花 20 克，鲜藕 1 段，糯米 150 克，红枣 8 颗。

调料：红糖 50 克，冰糖 30 克，淀粉 10 克。

做法：

1. 糯米淘洗干净，入清水中浸 2 小时，捞出后沥干。
2. 藕去皮、洗净，切下一端藕节，将泡好的糯米从藕节的一端灌入藕孔中。
3. 用筷子捣实。
4. 藕眼里都灌满糯米后，把藕蒂盖子盖上，并用牙签固定封口。
5. 把酿好的糯米藕放入锅中，注入清水没过莲藕，放入红糖和红枣，大火煮开后转小火再煮至熟透，捞出。
6. 锅内放入煮藕的汤汁，加山茶花。
7. 再加冰糖，煮 5 分钟后勾芡，浇在切好的藕上即可。

> ❀ **厨 房 小 语**
>
> 　　若是想节省时间，可放入高压锅中煮熟，只是不如慢火煮的入味。

美颜妙招 ♥ **白果茯苓控油面膜**

　　材料：白茯苓粉 10 克，白果粉 10 克，薏米粉 15 克，牛奶适量。

　　做法：将白茯苓粉、白果粉、薏米粉倒入碗中，加入牛奶调成糊状，清洁面部后，均匀地涂在脸上，20 分钟后洗干净即可。

桃花，活血美颜的瘦身佳品——桃花沙冰

材料

胡兰成在《今生今世》中写道：「桃花难画，因要画得它静。春事烂漫到难收难管，亦依然简静。」

我一直难以理解这句话。后来终于明白了，桃花是不静的。诗经云"桃之夭夭，灼灼其华"，桃花妖媚得粉成了一片花海似的。

若说到桃花可食，《神农本草经》载，桃花具有"令人好颜色"之功效。《太真外传》说，杨贵妃的三姐虢国夫人，常在桃花树下素面朝天，不施脂粉，吸吮桃花的精气，以润面貌。杨贵妃常饮桃花茶，使脸色白里透红。

《广群芳谱》中说："当地民间在寒食节，采摘鲜桃花，配上好米煮成粥，味道鲜美，富于营养。"这个风俗一直流行到明末。清代孔尚任的《桃花扇·寄扇》中有这样的唱词："三月三刘郎到了，携手儿下妆楼，桃花粥吃个饱。"

桃花茶可以美容养颜、顺气消食，也许是因为那句"人面桃花相映红"而被称为美人茶，它是一款浪漫的春天花茶。

桃花可以荡涤痰浊，古医书《千金药方》中有"桃花三株，空腹饮用，细腰身"的说法。用桃花泡茶喝，不但能减肥，还能使脸色红润。桃花茶虽好，但也不能无节制地饮用，否则会损元气、伤阴血。

说到桃花，不得不说一下桃子，有这样一句俗语："桃养人，杏伤人，李子树下埋死人。"说桃养人，尤其适用于气血虚亏、贫血消瘦的女生，这是因为桃子含铁量很高，有补气和血、养阴生津、嫩肤悦色的作用。即使桃子有这么多好处，吃桃子也要适度。吃多了容易上火、脾胃虚弱的女生，要适度吃桃子，每日吃一个即可。

人生总是在恰好的时间、地点被生活无意地渲染着，就像桃花茶是春天的一抹浪漫，明艳着女人那深深浅浅的心事。

女人，你还可以更美

193

材料： 大桃子 2 个，桃花 5 克。

调料： 蜂蜜适量。

做法：

① 桃花放入杯中，加 200 毫升沸水冲泡 10 分钟。

② 桃子去皮、去核、切块。

③ 将桃子块放入料理机中，加水，打成黏稠的汁。

④ 将桃汁倒入保鲜盒中，调入蜂蜜，入冰箱冷冻室，冷冻 2 小时至半凝固，用汤勺搅拌均匀后继续冷冻 2 小时，即可成为沙冰。

美颜妙招 ♥ 瑜伽瘦脸小动作

瑜伽瘦脸操，以按摩的方式使脸部血液循环加强，并提升脸部轮廓，只需要 5 分钟，小脸就轻松瘦下来。

瘦脸瑜伽动作一：瘦两颊

面对镜子，嘴呈"啊"字张开，大声喊"啊"，下巴往下持续约 10 秒，动作重复 3 次。

瘦脸瑜伽动作二：提脸颊

握拳，掌心朝下，以拳头两关节平面处轻贴脸部，从下巴两侧开始，顺着脸部线条由下往上至太阳穴，一边轻轻滑压，一边提拉脸颊，可重复 5 次。

瘦脸瑜伽动作三：消双下巴

慢慢地将头上抬，仰望天花板，把舌头伸长到最大极限，保持 5 秒左右，做 3 次；嘴略微张开，下颌左右移动，重复 30 次。每天坚持做 3 次，可以解决双下巴问题。

益母草，为女人而生——益母草鸽子汤

材料

益母草的作用很多，内服能补气养血，外敷能美容养颜。历代医家用益母茶来治疗妇科疾病，它是治疗妇科病的首选。

历史上最擅用益母草的人是武则天。《新唐书》有记载说"太后虽春秋高，善自涂泽，虽左右不悟其衰"。传说武则天高龄时依然色如少妇，就是用的益母草驻颜。

而在南方，益母草的鲜苗也是食用的佳品，人们会用益母草做菜，煲汤或清炒均可。即使家里没有人坐月子，也能常看见它的倩影芳踪出现在餐桌上，清甜爽口味美，既养生又保健。

从古至今，不管是皇室贵族，还是民间百姓，很多女人都懂得益母草的妙用，也会用益母草养生。记得自己初来月经时，母亲总是爱做益母草煮鸡蛋给我吃，益母草煮鸡蛋是一种很好的治疗痛经的方法。

小雅出嫁前，偏偏遇到让人疾恶如仇的痘痘来光顾，虽然内服外涂的，痘痘却总是去了又来。

女生在婚礼前难免琐事繁多、情绪紧张，肌肤也会忽然变得油腻，这段时间就成了痘痘的频发期。

我告诉小雅，保证充足的睡眠，可以使细胞得到修复，增强肌肤的抵抗能力。多喝水，远离高油脂、高糖分的食物。并且推荐她使用益母草面膜，她脸上的痘痘很快就控制住了。

益母草鸽子汤是药膳食谱里常见的一道汤，做法简单，脂肪含量很低，并且有益气、温经、活血的功效。不妨依据自己的口味进行调整，做一道自己喜欢的益母草鸡汤，切记要撇去鸡汤里的油脂。

世间有很多植物是为女人而生长的，自古以来与女人有着密切的关系，它们呵护着女人的身体，让女人美得风姿绰约。

食谱

材料： 乳鸽1只，益母草15克，红枣6颗。

调料： 姜3片，葱1段，盐4克，胡椒粉适量。

做法：

1 红枣泡开，益母草放入茶包中。

2 乳鸽洗净放入砂锅中，放入葱、姜。

3 再放入红枣、益母草茶包。

4 大火烧开。

5 转小火煲2小时左右，调入盐再煲10分钟，出锅后撒适量胡椒粉即可。

> ❀ **厨 房 小 语**
>
> 茶包超市里有卖，使用很方便。

 **美颜妙招** ♥ **益母草祛痘面膜**

材料： 益母草、黄瓜、蜂蜜各适量。

做法： 将益母草磨成粉末，黄瓜榨汁。在黄瓜汁内加入适量益母草粉末和蜂蜜，调匀。洗脸后敷面膜，20分钟后洗净。如果是油性肌肤，出油特别多，面膜里就不要加蜂蜜，可以加一点白果粉，效果很明显。

杏仁，让你惊喜的美容效果——木瓜杏仁奶茶

无论是正史还是野史的记载，杏仁都是皇室贵族中盛行的美容之品。

材料

据记载，郑穆公的女儿夏姬喜食杏仁，终老之时，容颜不衰。那个著名的美人杨贵妃，就喜欢用一种红玉膏来匀面，其中的主要成分就是杏仁粉。据说杨贵妃面色润泽而红如玉，因此集三千宠爱于一身。

《红楼梦》中贾母深谙这杏仁的养生之道。第五十四回中写道，在元宵节夜里，贾母突然想吃夜宵，于是王熙凤赶紧报上了早已准备好的夜宵名单。贾母笑道："不是油腻腻的就是甜的。"凤姐又忙道："有杏仁茶。"贾母道："倒是这个还罢了。"贾母深知夜食油腻和过甜的食物，都会伤身体，只选中了喝着清淡去腻的杏仁茶。

贾母喝的杏仁茶，是用甜杏仁和糯米制作而成的。杏仁分为甜杏仁、苦杏仁两种。我国南方产的杏仁属于甜杏仁，味道微甜、细腻，多用于食用；北方产的杏仁则属于苦杏仁，又名北杏仁，临床应用多以苦杏仁为主。

甜杏仁是一种健康食品，适量食用具有生津止渴、润肺定喘、滑肠通便、降低肠癌发生率的功效。素食者食用甜杏仁可以及时补充蛋白质、微量元素和维生素，例如铁、锌及维生素 E。

我一直认为，杏仁是自己生活中的大配角。通常是用杏仁来做各种食物，可以用来做粥、饼、面包、蛋糕、曲奇等多种中西甜品，还能搭配其他食材做成一道道美味菜肴。

大杏仁当零食可以帮助控制体重。饿了吃个两三颗，慢慢咀嚼，再喝一点水，你就会觉得胃里有饱胀感，便会觉得不饿了。但不可以大量食用，产妇、幼儿、湿热体质的人和糖尿病患者不宜吃杏仁及其制品。

木瓜杏仁奶茶中的糯米，其味甘性温，能够补养人体正气，温补脾胃，古语有"糯米粥为温养胃气妙品"之说。木瓜素有"百益果王"之称，含有丰富的木瓜酶，有促进新陈代谢、抗衰老、美容、护肤、养颜的功效。这道奶茶是女生最需要的美容饮品，滋润美味又营养。

食谱

材料：杏仁粉60克，糯米粉25克，木瓜200克，牛奶200克，清水100克。

调料：冰糖20克。

做法：

1. 木瓜取出果肉，放入榨汁机打成泥。

2. 将杏仁粉与糯米粉用清水拌匀，加入冰糖，用中火慢慢煮。

3. 直到冰糖完全化开，杏仁茶煮透成糊状，将牛奶倒入锅中，搅拌均匀。

4. 杏仁茶盛入碗中，食用时可淋上木瓜汁。

> **❀厨房小语**
>
> 也可将杏仁糯米汁过滤一下，再倒入锅中，那样口感更嫩滑。杏仁茶一定要熬煮熟透，牛奶不宜放入锅一起煮，以免破坏牛奶中的养分。

美颜妙招 ♥**杏红敷面膜**

材料：杏仁粉15克，红枣粉5克，天花粉15克，蜂蜜适量。

做法：在杏仁粉、红枣粉、天花粉中加入蜂蜜，拌成糊状，清洁面部及颈部后，敷于面部及颈部，15～20分钟后洗净即可。

女人，你还可以更美

枸杞，滋补调养有奇效——枸杞羊肉淡菜盅

「枸杞」两字，读出来有别样的古意，一看就知道是古老的中国出品。中国人食用枸杞至少有三千年历史了，《诗经·小雅》中有多篇写到枸杞，有「陟彼北山，言其采杞」的诗句，很好地记录了人们在荒原上采集枸杞的情况。

材料

《红楼梦》第六十一回，在柳家的跟莲花的对话里有这么一句："连前儿三姑娘和宝姑娘偶然商议了要吃个油盐炒枸杞芽儿来。"这两位千金小姐在府中尝遍山珍海味，怎么会对油盐炒枸杞芽情有独钟呢？

枸杞芽又名甜菜头，是枸杞的嫩梢和嫩叶。枸杞芽具有清热败火明目的作用，历来是民间一道常见的养生菜。宋朝诗人陆游晚年视力仍佳，依然读书、写诗不辍。他就用枸杞泡茶或做羹汤吃，曾在《玉笈斋书事》诗中写道："雪霁茅堂钟馨清，晨斋枸杞一杯羹。"

中医很早就有枸杞养生的说法，认为常吃枸杞能"坚筋骨，轻身不老，耐寒暑"，所以它常常被当作滋补调养和抗衰老的良药。吃枸杞比较好的方法就是像普通食品一样入粥饭、羹汤、菜肴，或者是蒸包子、煮水饺时放一点枸杞作配料，不仅滋补，而且不会上火。

枸杞参鸭补肾汤　枸杞的补虚作用重点在补肾，而鸭子在民间则被认为是补虚劳的圣药。搭配西洋参煲汤，大补虚劳，滋阴补肾。

枸杞桂圆安神粥　用枸杞、桂圆煮粥对血虚失眠的人效果较明显。用枸杞、桂圆肉各15克，红枣4颗，粳米100克，洗净加水熬粥食用即可。

枸杞乌鸡补血汤　用乌鸡加上枸杞及各种有益的中药煲汤，既能补益气血，也能让乌鸡更加美味。

枸杞菊花明目茶　常喝枸杞菊花茶能起到养肝明目的功效。取枸杞15克、菊花10克，用沸水冲泡，作茶饮。

枸杞乌发饮　将枸杞30克、核桃仁10克、黑豆30克、黑芝麻10克加水打成豆浆，每日早晚各饮用一杯。

枸杞虽然具有很好的滋补作用，但每人每天的食用量不可超过30克。由于它温热身体的效果相当强，所以正在感冒发烧、身体有炎症、腹泻的人就不要吃枸杞了。

对于爱美的女生而言，常吃枸杞还可以起到一通二活三平衡，让你的玉貌朱颜更靓丽。

食 谱

材料：羊里脊肉300克，淡菜30克，枸杞30克，黄酒150克。

调料：盐2克。

做法：

① 淡菜加黄酒浸泡2小时。

② 枸杞洗净，浸泡10分钟。

③ 羊肉切片，放入锅中焯水。

④ 焯过水的羊肉捞入炖盅内。

⑤ 放入淡菜、枸杞、盐，加适量清水。

⑥ 放入蒸锅中，蒸30分钟左右即可。

美颜妙招 ♥ **美颜精油配方**

按以下比例将基底油与精油调匀，做成脸部按摩油，轻柔地按摩脸部，按摩后洗掉或用面纸拭去脸上多余的油脂，可达到美颜的效果。

美白：柠檬精油2滴，橙花精油1滴，佛手柑精油2滴，甜杏仁油7毫升，玫瑰果油3毫升。

保湿：檀香精油1滴，罗马洋甘菊精油1滴，甜橙花精油2滴，玫瑰精油2滴，荷荷巴油7毫升。

收敛毛孔：天竺葵精油2滴，薄荷精油1滴，丝柏精油2滴，葡萄籽油5毫升。

淡斑祛痕：乳香5滴，鼠尾草1滴，橙花5滴，柠檬3滴，橄榄油3毫升。

花粉，古老的美颜之方——荷花花粉茶

材料

唐代张泌的《妆楼记》中，记述了晋代白州双角山下有口"美人井"，因松花粉等飘散于井中，故井边人家多美女，石崇不惜重金买了其中一位沉鱼落雁的姑娘绿珠。盛唐时期，女子们用花粉制成美容丸，长期服用后，肌肤柔润，笑语生香。

宋代《图经本草》记载："蒲黄，即花中蕊屑也，细若金丝，当欲开之时便取之，以蜜搜之作果品食之甚佳。"花粉粥、花粉汤、花粉酒在古代已是屡见不鲜，古代医书中也多处记载了花粉的养生功效。

到了清代，《御香缥缈录》中就记述了慈禧太后常用花粉做的"花露"来保健和美容。

花粉的种类有很多，花粉中所含的氨基酸、活性酶和植物激素都是相似的，这些都是美容之源，可调节内分泌，使皮肤柔软细腻、洁白滋润，并能清除黄褐斑，减少皱纹。

花粉的美容法 花粉去角质。用温和洗面奶清洁面部，在掌心用清水溶解 2 ～ 3 克花粉成糊状，用手指腹涂平面部，按摩 2 分钟，清洁干净即可。

花粉面膜 用温和洗面奶清洁面部，将花粉与适量蜂蜜搅拌成糊状，涂抹于面部，15 分钟后清洗干净即可。

花粉茶 以 1:1 的比例将花粉与蜂蜜加入水中，调成花粉蜜水用，或者用花粉加蜂蜜、牛奶调成一杯奶香浓郁的花粉奶茶，早晚空腹或运动完后饮用更佳。肠胃比较敏感的人若是吃花粉不舒服，可在饭后半小时内饮用。

蜂蜜与花粉是温性的食物，有滋阴和生发阳气的功效。大多温补阳气的东西，都不可以过量食用。有过敏体质的女生吃花粉时应注意，不宜多吃，否则易引起过敏。

材料：荷花粉 200 克，蜂蜜 200 克，纯净水 200 克。

做法：

1 在干燥的荷花粉中兑入等量的水，搅拌均匀。

2 浸泡 3 小时，使其充分浸透成糊状。

3 蜂蜜倒入荷花粉糊中。

4 将荷花粉糊与蜂蜜充分混合。

5 取调制好的荷花粉糊，放入茶杯中。

6 加温水冲开即可饮用。

> ❀**厨 房 小 语**
>
> 　花粉口服液，每日按需要量服用。荷花粉能祛皱增白、补气活血、润燥通便。由于荷花粉的量比较少，采集难度大，且功效明显，所以荷花粉比其他花粉名贵。

美颜妙招 ♥ **增白祛皱花粉面膜**

　晚上涂抹，有可能沾到枕巾上，可提前抹上、上网、看电视，睡前洗净，有营养皮肤、增白祛皱的功效。

　材料：荷花粉 50 克，蜂王浆 30 克，蜂蜜 20 克 。

　做法：将荷花粉、蜂王浆、蜂蜜调匀，制成膏状，装入瓶中，密封好后放入冰箱冷藏，每日晚上洗脸后，取少量涂于面部，轻揉几分钟，睡前洗净。

❀ 女人，你还可以更美

图书在版编目(CIP)数据

女人会吃,才更美:63道美容养颜餐 / 梅依旧著.
— 杭州:浙江科学技术出版社,2015.3
ISBN 978-7-5341-6391-3

Ⅰ.①女… Ⅱ.①梅… Ⅲ.①女性-美容-食谱
Ⅳ.①TS972.164

中国版本图书馆CIP数据核字(2014)第295731号

书　　名	**女人会吃,才更美:63道美容养颜餐**	
作　　者	梅依旧	

出 版 发 行　浙江科学技术出版社
　　　　　　　地址:杭州市体育场路347号　邮政编码:310006
　　　　　　　办公室电话:0571-85176593
　　　　　　　销售部电话:0571-85176040
　　　　　　　网址:www.zkpress.com
　　　　　　　E-mail:zkpress@zkpress.com

排　　版　杭州兴邦电子印务有限公司
印　　刷　浙江海虹彩色印务有限公司
经　　销　全国各地新华书店

开　　本　710×1000　1/16　　　　印　张　13
字　　数　243 000
版　　次　2015年3月第1版　　　　2015年3月第1次印刷
书　　号　ISBN 978-7-5341-6391-3　　定　价　38.00元

责任编辑 梁　峥　　　　　　**责任校对** 王巧玲
责任印务 徐忠雷　　　　　　**特约编辑** 张　丽